U0347577

欧盟环境货物和服务部门
统计使用手册

欧盟统计局(2009)

THE ENVIRONMENTAL GOODS AND SERVICES SECTOR: A DATA COLLECTION HANDBOOK

EUROSTAT, EUROPEAN COMMISSION

董战峰　吴　琼
陈晓飞　王慧杰　译著

科 学 出 版 社
北 京

内 容 简 介

本手册旨在介绍欧盟统计局制定的“环境货物和服务统计框架”的数据收集方法和使用情况，分为六个章节。第 1 章介绍了环境货物和服务发展的背景和政策驱动力；第 2 章介绍了环境货物和服务的定义和分类标准；第 3 章介绍了环境货物和服务统计范围的界定及统计对象的识别；第 4 章介绍了环境货物和服务数据收集流程、分析和报告过程中采用的不同方法；第 5 章介绍了数据整理和汇总的方法以及标准表格的填写；第 6 章介绍了分析和解释环境货物和服务相关统计结果的建议和示例。附件中提供了相关支持信息，包括环境活动的详细说明、各国的相关经验等。

本手册可供国内高校院所从事环保产业研究的专家学者、相关政府部门管理人员、广大经济管理、环境保护等相关专业的研究生以及本科生参考，也可供企业界、金融界等有关人员了解欧盟的环境货物和服务统计。

图书在版编目(CIP)数据

欧盟环境货物和服务部门统计使用手册/欧盟统计局编；董战峰等译著. —北京：科学出版社，2014.10

书名原文：The Environmental Goods and Services Sector: A Data Collection Handbook

ISBN 978-7-03-042028-2

Ⅰ. ①欧… Ⅱ. ①欧… ②董… Ⅲ. ①欧洲国家联盟－环境统计学－手册 Ⅳ. ①X11-62

中国版本图书馆 CIP 数据核字(2014)第 224214 号

责任编辑：顾晋饴 陈岭啸/责任校对：张怡君
责任印制：肖 兴/封面设计：许 瑞

科 学 出 版 社 出版
北京东黄城根北街 16 号
邮政编码：100717
http://www.sciencep.com

三河市骏杰印刷有限公司 印刷

科学出版社发行 各地新华书店经销

*

2014 年 10 月第 一 版 开本：720 × 1000 1/16
2014 年 10 月第一次印刷 印张：11 3/4
字数：237 000

定价：59.00 元

（如有印装质量问题，我社负责调换）

序

环保产业具有产业链长、关联度大、吸纳就业能力强、对经济增长拉动作用明显等特点，被联合国环境规划署认为是绿色经济发展的主要行业门类。由于环保产业属于全球新兴产业门类，在目前各国的统计分类体系中还没有体现，而是分散于各有关传统产业中，这造成了环保产业统计的困难。环保产业统计是一项重要的基础工作，做好环保产业统计有助于客观地了解环保产业发展状况、特征、成效及问题等，推进环保产业发展需要加快统计制度建设与完善。欧盟率先在该方面做了探索，经过近10年的不断完善，欧盟统计局研究制定了环境货物和服务部门统计使用手册(*The Environmental Goods and Services Sector: A Data Collection Handbook*)，该手册作为一个推进欧盟成员国开展环境货物和服务统计的技术指引，详细介绍了如何统计有关环境货物和服务部门的数据信息，明确了统计数据采集的标准表格制定方式、统计数据的采集流程、统计指标等环境货物和服务统计的关键事项。该手册旨在促进欧盟成员国将分散于各传统产业中的环境货物、技术和服务的相关统计数据进行整合，使得成员国能够了解各自环境产业发展状况，同时也促进欧盟各成员国之间就环保产业发展状况进行横向比较。虽然欧盟的环境货物和服务统计工作仍在探索阶段，但是该手册作为近些年欧盟开展环境货物和服务统计的经验总结，在一定意义上可为一国或者地区开展环保产业统计提供借鉴，也可为有关地区和国家之间的环保产业发展特征进行横向比较提供参考。目前，该统计框架已经被联合国统计署纳入“环境经济核算体系(System of Environmental-Economic Accounting 2012, SEEA2012)”中，成为一项国际统计标准。

尽管我国环保产业近年来受到国家高度重视，随着节能减排工作的深入推进，也得以迅猛发展，产业规模不断扩大，技术水平不断提高，产业领域范围不断拓展，市场产值也在不断增加。在2010年，节能环保产业更是被国务院列为七大战略性新兴产业之一。但是由于我国环保产业发展起步晚，环保产业的统计基础还很薄弱，统计制度建设严重滞后。在当前的常规统计体系中，我国并没有开展专门的环保产业统计。对环保产业发展状况的了解主要是由环境保护部门会同有关部门以专项调查的形式开展环保产业调查来实现的，我国分别于1993年、2000年、2004年和2011年开展了四次环保产业调查。随着我国环保产业进入加速发展期，这种不定期调查性统计方式逐渐跟不上环保产业发展的需要，从环保产业长远的战略发展来看，要加快建立并逐步完善环保产业统计制度。

我国建立完善的环保产业统计制度离不开学习和借鉴国内外环保产业统计实践经验。为此，在联合国环境规划署和中华人民共和国环境保护部国际合作司的大力支持下，我们将欧盟的环境货物和服务数据收集手册翻译出版，该工作也是在联合国环境规划署和环境保护部国际合作司共同支持下的基于 EGSS(环境货物和服务部门)的中国环保产业统计框架研究项目的前期基础工作。在手册中文版编译过程中，始终得到联合国环境规划署和环境保护部国际合作司的大力支持，在此表示感谢！感谢欧盟统计局对本手册的中文版出版工作给予的积极支持。感谢联合国环境规划署经济和贸易处研究暨伙伴关系部主任盛馥来先生对手册中文版的出版工作的辛勤协调以及对出版工作的大力支持。感谢环保部国际合作司宋小智副司长、张洁清处长对手册中文译本工作给予的积极鼓励和大力支持。感谢国家统计局核算司邱琼处长对手册中文版中的一些名词术语翻译问题给予的中肯意见，以及对本工作给予的大力支持，邱琼处长严谨务实、一丝不苟的工作作风令人钦佩。感谢环境保护部环境规划院的吴琼助理研究员、王慧杰助理研究员、郝春旭博士、璩爱玉博士、周全助理研究员、湖北省环境科学研究院的陈晓飞博士、中国人民大学环境学院的虞慧怡博士等研究人员对手册编译工作的重要贡献，本手册中文版的出版离不开他们辛勤而又卓有成效的工作，正是在各位研究人员的齐心协力下，本手册才能形成高质量的中文译本。感谢环境保护部环境规划院环境政策部主任葛察忠研究员对本手册出版工作的一如既往地大力支持。特别感谢科学出版社的顾晋饴编辑、陈岭啸编辑，她们高效的编辑工作为本书的顺利出版提供了保障，在此也对她们辛苦的编辑工作致以感谢。最后，请允许我代表各位编者向所有为手册中文版出版做出贡献和提供帮助的朋友和同仁一并表示衷心的感谢！

希望本手册的出版会对国内高校院所从事环保产业研究的专家学者，有关政府部门管理人员，广大经济管理、环境保护等有关专业的研究生以及本科生，还有企业界、金融界等有关人员了解欧盟的环境货物和服务统计有所裨益。此外，要说明的是，由于译者水平有限，译文质量难免存在不足之处，恳请广大同仁和读者批评指正。

董战峰
2014 年 4 月 23 日

前　　言

我们很高兴能够呈献本手册，以介绍如何收集、解释和说明有关环境货物和服务部门的数据。为了满足当前的政策需求，并帮助实施未来针对环保行业的政策措施，有必要编制具有可比性的环境行业统计。

由于收集数据必须协调统一，并具有可比性，我们的解决方案就是制定标准表格，用于汇编统计信息和手册，以解释主要概念，如何填写表格以及如何处理编辑数据。

标准表格旨在根据环境行业的不同部门和活动，从本质上分别确定就业、营业额、增加值和出口额。这些标准表格也是成员国向欧盟统计局报告环境行业统计数据的主要方式。

本手册描述并分析了环境货物和服务部门相关的概念，并补充了行业的定义和分类、实际操作和详细的方法指导。本手册旨在为国家层面上的环境行业开发新的数据收集系统提供整套的参考工具。

本手册的目标是为从事环境行业数据编辑的相关各方提供一种渐近方法，并确保在环境行业的数据编辑、分析和解释方法方面具有可比性。其目的是促进发展可协调的数据，并使各国之间的数据进行更严格和更好的比较。同时，为手册用户提供支持性建议。全面落实这些建议应该有助于确保数据编辑，并使欧洲统计系统(ESS)的所有会员国保持一致的基础，以提高数据的可比性和质量。

Gilles Decand

单位负责人, E3 环境统计与核算, 欧盟统计局

致　谢

我们非常感谢环境支出统计工作小组和环境货物和服务部门特别工作组的成员，感谢他们为本手册的出版做出的努力。欧盟统计局还特别感激以下成员所做出的贡献[①]：

- Sacha Baud 和 Alexandra Wegscheider-Pichler (奥地利中央统计局)
- Hanna Brolinson, Maja Cederlund, Mats Eberhardson 和 Nancy Steinbach (瑞典统计局)
- Michel David (法国环境研究所)
- Maria Luisa Egido (西班牙国家统计局)
- Federico Falcitelli (意大利国家统计局)
- Jeffrey Fritzsche (加拿大统计局)
- Marina-Anda Georgescu (罗马尼亚国家统计局)
- Rocky Harris (英国环境食品和农村事务部)
- Sarah Kleine (德国联邦统计局)
- Anna Kulig, Maarten van Rossum 和 Sjoerd Schenau (荷兰统计局)
- Ute Roewer (德国图林根统计局)
- Eila Salomaa 和 Annika Miettinen (芬兰统计局)
- Tone Smith 和 Julie L. Hass (挪威统计局)
- Karim Tachfint (法国环境研究所)
- Dean Thomas (英国工业贸易部)

欧盟统计局还要感谢环境总署、企业总署、环境核算小组以及欧盟统计局的 M. Ulf Johansson 所提供的大力协助和专业知识。

Nancy Steinbach、Ute Roewer 和 Marina Anda Georgescu 分别在不同时间点负责管理欧盟统计局的这一项目。Pepa Lopez、Celine Martin 和 Marco Orsini(比利时 ICEDD)等都为本书的出版做出了贡献。

---

① 名字按照姓氏字母排序。

术 语 表

活动：是指诸如设备、劳动力、制造技术、信息网络或产品等资源进行一定的组合，从而创造出特定货物或服务的过程。

空气污染：是指存在于空气中的污染物达到了一定浓度，会影响人体健康或福利，或产生其他有害的环境效应。

改良品：是指与同等的常规产品相比，具有低污染或更具有资源效率，并能提供类似效用。它们的主要用途并不是环境保护和资源管理。

行业分析：是指一种采用来自统计单位的数据，根据活动类别进行汇总的经济分析。在欧盟范围内，对经济活动采用第 2 版 NACE 进行分类。而联合国则采用第 3 版的 ISIC 进行分类(所有经济活动的国际标准工业分类)。

辅助活动：主要活动和次要活动通常都需要在一定的辅助活动支持下得以开展，例如：会计、运输、储存、采购、促销、修理和维护等。保留在相同单位内，用于资本形成之外的生产过程称为辅助活动。因此，辅助活动是指通过为某个实体提供非耐用产品或服务，专门支持一个实体的主要生产性活动的过程。

最佳可用技术(BAT)：是指业务开发和运营方法的最有效和最先进的状态，可表明特定技术在原则上提供排放限值依据的实际适用性，旨在防止排放，如果不可行，通常是减少排放，并降低对环境的整体影响。

可生物降解：是指能够在自然条件下，通过微生物(有氧和/或厌氧)迅速分解。大多数有机材料都是可生物降解的，例如食物残渣和纸。

生物多样性：是指在特定区域内的遗传差异、物种差异和生态系统差异的组合。

生物质：是指农业(包括植物和动物物质)、林业和相关产业产出的产品、废物和残留物中的可生物降解部分以及工业和城市垃圾中的可生物降解部分。

副产品：是指制造过程中派生的、有用的和适销的产品或服务，但是不属于主产品或服务。

中央政府：包括中央国家的所有行政部门和其他中央机构，其管辖范围覆盖整个经济领域，除了社会保障基金的管理以外。

CFC(氯氟烃)：是由氯、氟和碳三种元素组成的一种气体，其分子通常不与其他物质发生反应，因为它们不会改变被喷射物质的性质，因此它们可用作气溶胶喷射剂。

化学需氧量：是指水中物质发生生物氧化和非生物氧化所需的氧气量，是衡

量水质的一项指标。

气候变化：联合国气候变化框架公约(UNFCCC)把“气候变化”定义为“是指可以直接或者间接归因于人类活动改变了全球大气组成所造成的气候改变，不包括在可比时期内所观测到的自然气候变化”。

冷却水：是指用于吸收和转移热量的水。冷却水可能被分为用于电站发电和其他工业过程的冷却水。

竞争力：是指企业、行业、地区或超国家区域在主动和被动参与国际竞争时，以一种可持续的方式产生相对较高的要素收入和要素就业水平的能力。

单用途环境产品：单用途环境产品(欧洲环境的经济信息收集体系 § 2024 – 2025，SERIEE)直接服务于环境保护和资源管理，并且除此之外没有其他用途，但是，它不是一种具体服务。单用途环境产品既可以是服务，也可以是产品(耐用产品或非耐用产品)。

耐用消费品：是指最终消费的家庭所获得的耐用品(即家庭使用而非作为价值储存的耐用品，或家庭拥有的非企业企业用于生产的耐用品)。这类耐用品可以在一年或更长时间内反复或持续地用于消费。

耐用品：是指可以在一年或更长时间内反复或持续地使用，假定以正常或平均速率进行实际使用。

生态系统：是指植物、动物和微生物群落及其作为功能单位而相互作用的非生物环境共同构成的一个动态复合系统。

排放：是指污染物直接释放到空气或水中，以及通过转移到场外污水处理厂后间接释放的污染物。

能量回收(从废物中)：能量回收的处理运营包括发电站的废料和工业设施中的废物焚烧和联合焚烧，例如水泥窑，从而生成能量可以用来产生热能和电能。

末端处理技术：是指用于环境测量、控制、治理和恢复/校正污染、环境退化和资源耗竭的技术设施和设备。这些设施和设备或独立运作，或成为生产和最终消费中可识别的一部分。例如：它们用于处理已生成的污染或已开采的资源，或用于测量污染和资源使用的程度。

环境保护活动：是指以收集、处理、减少、避免或消除由于人类活动所产生的污染物和污染或任何其他环境退化为主要目的的活动(涉及使用设备、劳动力、生产技术和实践、信息网络或产品)。

专项环保服务：专项环保服务包括环境保护或资源管理的“特色”活动的输出。根据 SERIEE(§2010 – 2023)规定，特色活动是指具有环境目的的活动。

环境保护支出账户(EPEA)：是指从定性的角度来看，为了保护环境(即防止污染和环境退化现象)开展的措施和相关支出而进行描述的卫星账户。

欧洲统计系统(ESS)：是指具有共识的标准、组织方法和结构，用于编制欧洲

经济区域的统计数据，以及为欧洲经济区域编制统计数据的一个系统。该系统基于辅助性原则，同时具有参与欧洲统计的组织间的高层合作原则。

欧洲国民经济账户体系(ESA 95)：欧洲标准用于建立国民账户，并可以提供各国可比的宏观经济数据。它还允许由机构部门(一般政府、企业、家庭、世界其他地区等)提供数据。在定义、核算规则和分类方面，ESA 95 与联合国的国民经济核算体系(1993 SNA)保持广泛一致。

富营养化：是指水域中存在的营养物和相关不良生物效应过量。

化石燃料：是指由几百万年前死亡的动物和植物腐烂尸体所形成的煤、天然气和石油产品(例如原油)。

一般政府：是指为个人消费或集体消费提供免费服务或无经济意义的收费服务，主要由属于其他行业的单位强制性付费提供资金支持，并且不享受自主决策的所有机构单位。一般政府部门对应于 ESA 95 的代码为 S13，包括主要从事于非市场产品和服务生产，用于个人和集体的消费和/或国民收入和财富再分配的实体。一般政府部门分为四类：中央、州、地方政府和社会保障基金。不包括进行商业运作的国有实体，如公共企业。

全球变暖：是指由温室气体排放到大气中产生温室效应所引起的地表空气温度(称为全球温度)的变化。

产品：国民经济核算体系(SNA)把产品定义为用于满足存在需求的物理对象，可以确立所有权，并且所有权可以通过市场交易从一个机构单位转移到另一个机构单位。因为它们可以用来满足家庭或社区的需要或需求，或能够用来制造其他物品或服务，所以它们存在需求。产品的生产和交换是非常独立的活动。有些产品可能永远不会用来交换，而其他产品可能会进行无数次的买卖。产品的生产与随后的销售或再次销售的分离具有产品的经济意义特性，不能在一次服务中进行共享。

温室气体：是指会导致自然温室效应的一种气体。《京都议定书》涵盖了人类活动所产生的 6 类温室气体(GHG)排放，分别是二氧化碳(CO_2)、甲烷(CH_4)、氧化亚氮(N_2O)、氢氟碳化物(HFC)、全氟碳化物(PFC)和六氟化硫(SF_6)。缔约方排放上述气体的总量将根据这些气体对全球变暖的潜力，折算成二氧化碳当量进行测定。水蒸气是一种重要的天然温室气体，但其没有包括在《京都议定书》中。

地下水：是指饱和区地表以下以及直接接触地下土壤的所有的水。

哈龙类物质：是指能够在大气中长期存在，在大气中分解时会消耗臭氧的溴化合物。哈龙类物质通常用于消防。

危害：是指在给定的时间和区域内的一个威胁性事件，或者潜在的破坏性现象的发生概率。

除草剂：是指能够控制或破坏不良植物的化学物质。

焚烧(废物)：是指在受控条件下进行固体废物燃烧，以降低其质量和体积，通常能产生能量(参见能量回收)的过程。

创新：创新可以包括新产品和工艺的技术创新，或对产品和工艺进行的重大技术改进。如果该创新已引入市场(产品创新)或已在生产过程中使用(工艺创新)，即表明技术性产品与工艺(TPP)创新已实施。产品与工艺的技术性创新涉及一系列的科学、技术、组织、财务和商业活动。TPP 创新企业是指在审查阶段中，已经对产品或工艺实施了技术创新或重大技术改进的企业。

投入产出表：投入产出表是对生产工艺、产品和服务(产品)使用以及生产中所创造的收入进行详细分析的一种方式，这类表格可以采用(a)供应和使用表或(b)对称投入-产出表的形式。

综合技术：是指与国内生产商所使用的平均技术相比，具有低污染和资源密集型的生产工艺所采用的技术流程、方法或知识。

垃圾填埋：是指用于在地上或地下堆存垃圾的废物处置场。

地方政府：根据 ESA 95 中的定义，该部门包括政府当局和/或机构，不包括社会保障基金的地方机构，管辖范围只涉及本地区的国家经济领域。

局部业务单位(LKAU)：企业或企业的一部分，对应的业务单位，仅从事一种(非辅助性)生产活动，或者占大部分增加值的主要生产活动。这些类型的单位没有自主决策权。

市场机构：市场机构生产大部分产品和服务，用于按照经济意义的价格进行销售。

市场产品：是指按照经济意义的价格进行销售的产品，因此销售额涵盖 50%以上的生产成本。所指价格不包括增值税或其他税收或补贴。

城市废水：接收来自家庭、商业机构和工业废水的污水处理厂所排放的废水，雨污分流也属于这一类别。

城市垃圾：是指生活垃圾以及性质或组成类似于生活垃圾的其他废物。

NACE 代码：用于识别符合欧盟经济活动统计术语(NACE)的经济活动分类代码。

非市场产品：是指免费提供或价格不具有经济意义的产品。

不可再生资源：是指可能会枯竭的自然资源，例如矿产、石油、天然气和煤炭，它们的使用会导致其在地球中的储量枯竭，在人类开采后的一段时间内不能再生。

有机农业：是指在畜牧生产中最大程度地强调环境保护和考虑动物福利的生产方法。该方法可避免或大幅减少合成化学品的使用，例如化肥、农药、添加剂和医疗产品。

臭氧：是指三个氧原子构成的一种气态的大气组分(O_3)。在对流层中，它可

以自然形成，也可以通过源于人类活动产生的气体(光化学烟雾)的光化学反应形成。在高浓度时，对流层中的臭氧对大量的生物体都有害。对流层臭氧起到温室气体的作用。在同温层中，臭氧是由太阳紫外线辐射和氧分子(O_2)之间的反应产生。同温层中的臭氧对同温层的辐射平衡发挥着决定性的作用。由于气候变化可能提高化学反应程度而造成同温层臭氧的损耗，从而导致地表紫外线辐射通量增加。

消耗臭氧层物质：是指会导致同温层臭氧耗竭的一种化合物。消耗臭氧层物质(ODS)包括氯氟烃、氢氯氟烃、哈龙类物质、甲基溴、四氯化碳和甲基氯仿。消耗臭氧层物质在对流层中通常非常稳定，在同温层中只有在强紫外线照射时才会分解。当这类物质分解时，就会释放出氯和溴原子，从而会消耗臭氧。

农药：是指用于防止、破坏、排斥或减轻任何虫害的物质或配制药剂。同样也包括用作植物生长素、落叶剂或干燥剂的任何物质或配制药剂。

主要活动：对于市场生产商来说，主要活动是指为所指实体创造大部分收入(严格来说，大部分的总增加值)的业务。对非市场生产商来说，主要活动是指占大部分生产成本的活动。所以主要活动并不一定占到实体的总增加值的 50% 或更多。

回收利用：资源回收方法涉及废弃产品的收集和处理，然后用作相同或类似产品的生产原料。欧盟废物回收策略具有以下特点：重新利用是指重新使用材料，该材料没有发生任何结构性变化；回收利用是指只回收利用材料，而产品会发生结构变化；回收仅指能量回收。

可再生能源：能源来自以下方面：水电、地热能、太阳能、风能、潮/波/海洋能、固体生物质、木材、木材废料、其他固体废物、木炭、生物气、液体生物燃料和城市垃圾中的生物可降解材料燃烧。

可再生资源：是指能够通过诸如有机体繁殖和栽培的这类过程连续再生或更替的资源，例如：农业、畜牧业、林业和渔业中的那些资源。

风险：是指在指定区域和参照期内特定危害的预期损失(包括生命、受伤人员、受损财产、经济活动中断)。基于数学计算，风险是危害和脆弱性的乘积。

废料：是指所有制造流程中或废弃消费产品中的可回收材料。

次要活动：是指不代表生产商大部分的总增加值的业务，并且不是指定要用于该企业的其他单位。如果这类子企业业务保留在本企业内，而以集资形式入账，它也记录为次要生产。

次生原料(回收物料)：是指从废物中回收后再次投入生产流程的物料。

服务：在国民经济核算体系(SNA)中，把服务定义为不能确立所有权的单独实体。服务不能脱离生产而单独进行交易。服务都是根据订单而产生的异质输出，并且通常包含了在消费者需求时通过生产商的活动实现消费单位的条件变化。在

服务生产完成时，它们必须已提供给消费者。服务的产生必须局限于能够由一个单位正在为另一个单位开展服务的业务中。另外，服务行业不能进行开发，并且可能没有服务市场。如果这类业务可以由另一个单位开展的话，一个单位也有可能创造一种服务需求用于自身消费。

城市污水：是指住宅和商业机构产生的、并且排入下水道的废水。

下水道：是指输送来自其他来源的废水、污水、雨水进入处理工厂或接收流的通道或管道。卫生下水道可输送家庭和商业废水，雨水管可以输送雨水，混合下水道用于上述两种目的。

州政府：ESA 95 把该部门定义为由行使部分政府职能的独立机构单位(不包括社会保障基金的管理)，级别介于中央政府和地方政府之间。

地表水：是指存在于河流、小溪、池塘、湖泊、沼泽、湿地、冰雪、过渡水域、沿海和海洋水域的所有地表水。

可持续业务：是指为了降低对环境的负面影响，在生态系统的承载能力范围内开展的经济活动。

技术：从广义来说，技术是指关于生产产品和服务的方式和方法的专有技术。它包括组织方式以及实际技术。经合组织对技术给出了如下定义："技术是指将资源向输出转化的与方法有关的知识状态。技术创新包括新产品和新工艺以及对产品和工艺的重大技术改进。如果一项创新已经引入市场(产品创新)，则表明该创新已经实现"(《经合组织生产力使用手册：产业层次和总生产率增长的衡量指南》，经合组织，巴黎，2001 年 3 月，附件 1–术语表)。

废物：是指不属于主要产品(即为销售而制造的产品)的物质，生产商没有进一步将其用于自己的生产、转换或消费的目的和希望的处理方式。在原料提取开采、把原材料加工成中间产品和最终产品、最终产品的消费和其他人类活动过程中，都可能产生废物。在产生地点回收利用或重新使用的残余物不属于废物。

废物处理：是指废物的收集、分类、运输和处理以及将废物倾倒并存放在地上或地下的活动。

供水系统：是指向用户供水的取水部分(不包括在储存、运输和分配中的损失)。

缩略词列表

BAT：最佳可用技术
BoP：国际收支平衡表
BREF：最佳可用技术参考文献
CEPA：环境保护活动的分类
CIP：欧洲共同体(以下简称欧共体)竞争力和创新计划框架(2007~2013)
CN：组合命名法
CN8：组合命名法(8 位数级)
COFOG：政府职能分类
CPA:欧洲共同体内部按经济活动划分的产品统计分类
CPC：中心产品分类目录
CReMA：资源管理活动的分类
DG：总署
EGSS：环境货物和服务部门
EP：环境保护
EPEA：环境保护开支账目
EPE：环境保护开支
EPP：环保产品
ESA 95：欧洲国民经济账户体系 (1995)
ESS：欧洲统计系统
ETAP：环境技术行动方案
EU：欧盟
GBAORD：政府的研发预算拨款或支出
GDP：国内生产总值
GG：一般政府
HS：产品名称及协调编码体系
IEEAF：森林环境与经济综合核算
IPPC:综合污染防治
ISIC：国际标准工业分类法
LKAU：局部业务单位
NA：国民核算

NACE：欧洲共同体经济活动命名法
NAMEA：包括环境账户的国民核算矩阵
OECD：经济合作与发展组织
PRODCOM：欧洲生产调查分类标准
R&D：研究与开发
RM：资源管理
SBS：结构商用统计
SEEA：环境与经济核算体系
SERIEE：欧洲环境的经济信息收集体系
SME：中小企业
SNA:国民经济核算体系
UN：联合国
UNCTAD:联合国贸易和发展会议
VAT：增值税
WTO：世界贸易组织

目　录

第1章　概　况

本章介绍了有关环境货物和服务部门(EGSS)的政策背景，并描述了本手册的目的、范围、组织及结构。

1.1　政策背景

环保行业的驱动力

随着环境法规和政策以及反对环境污染和保护自然资源意识的提升[①]，用于防止、测量、控制、限制、降低或校正环境破坏和资源枯竭的货物和服务(即环境货物和服务)的供需快速增长。

环境货物和服务生产主要始于基本服务[②]需求所驱动的传统市场，例如废水处理或废物收集。如今，环境货物和服务部门(EGSS)的发展越来越多地受到环境立法所创造的需求推动。包括符合欧盟(EU)的环境目标和其他国家的法律要求，例如水质目标或可再生能源的生产目标。能够投资创新项目的公共和私人融资渠道也大幅拓展，社会压力和生活方式的改变对此提供了支持，部分消费者对于新环保技术和产品的可用性和效益的意识日渐提升。

自20世纪70年代以来，某些受到最大程度监管关注的环境领域已经成为最明显的环境退化类型，例如与废物、水污染、空气污染或最有害环境的处理技术相关的问题，如钢铁生产、发电等领域。从21世纪初开始，需求正在由货物替代和工业过程改进转向更为强调污染防治政策和某种程度上的企业战略环境规划。这种转变刺激了新技术的研发，从而创造出新的环境货物和服务市场。

因此，环境行业结构正在发生显著改变，即从末端治理设备和清理服务转向集成和“清洁”的环境技术和货物。从长远来看，这种转型通过提高与环境清洁和恢复的产品和服务相匹配的研究、创新、设计、咨询和其他服务的重要性，可能会从根本上影响大部分环境货物和服务部门的结构。

环境货物和服务部门越来越被认为是一个前景看好的商业机会。强有力的证

---

① 自20世纪70年代以来，在国家层面和国际层面的环境意识都已逐步提升。环境最初只是环保人士感兴趣的领域，现已成为公众、政府和行业共同关注的一个监管领域。

② 因为欧共体和国家政策都旨在解决紧迫的环境问题，例如管理废物或减少空气污染和水污染，其实施效果强烈依赖于末端解决方案，这种方式仅针对已经产生的污染进行治理。

据表明，市场广泛采用环保技术有助于欧洲经济的发展，绿色商业可以成为精益商业，这类技术可以显著提升工业过程、产品和商业实践。

总之，影响环境货物和服务供给和需求的主要因素包括监管和政策目标、技术研发、新出现的细分市场以及转向激励措施和经济工具，使得环保技术能够与传统产业进行竞争。

欧洲的行动

欧共体于 20 世纪 70 年代启动环境行动规划，开始开展环境行动。该规划针对生态问题采取了一种垂直管理方式和行业管理方式。最常用的工具就是通过引入最低标准进行限制污染方面的立法，尤其是针对废物治理、水污染和空气污染。

从 1985 年以来，由于《单一欧洲法案》，环境保护要求已成为欧共体政策中的一个组成部分。为了能够落实整体行动原则，欧共体已经拟定了策略，旨在对造成环境破坏最严重的行业实现切实的成效。

《阿姆斯特丹条约》中采取了进一步的措施，使可持续发展成为欧共体的一个核心任务。因此，最终目标采用了传统的可持续发展定义，即“可持续发展是指既满足现代人的需求又不损害后代人满足需求的能力的一种发展方式”。

2000 年 3 月，在里斯本[①]举行的欧盟理事会会议对可持续发展的问题进行了进一步反思，欧盟为自己设定了目标：成为“世界上最具竞争力和动态知识型经济体，能够保持经济持续增长，并创造更多更好的就业机会和更大的社会凝聚力”。

2001 年 6 月的哥德堡欧洲理事会会议在里斯本战略的社会和经济维度基础上，又增加了环境维度[②]。

实施哥德堡会议上通过的可持续发展战略促进可持续增长是欧盟的优先考虑，目标包括为了经济增长和就业而保护环境。

打造竞争性的、动态的和包容性欧洲的里斯本战略与可持续欧洲的哥德堡战略之间存在牢固的和本质的联系。里斯本战略的主要目标是促进技术进步和更新欧盟的资本存量，该战略旨在消除市场壁垒，为新一轮技术进步建立正确的激励机制。

2004 年 1 月，欧盟启动了一项新的倡议，旨在鼓励欧洲工业开发绿色创新潜力，并提高其货物和服务的市场份额，即环境技术行动方案[③](ETAP)。

2006 年春季欧洲理事会[④]达成了一项关于创新政策的综合方法，支持“大力、特别是通过环境技术行动方案(ETAP)推动和传播生态创新和环保技术”。因此，

---

① 见 http://www.europarl.europa.eu/summits/lis1_en.htm

② 见 http://www.ec.europa.eu/governance/impact/docs/key_docs/goteborg_concl_en.pdf

③ 见 http://ec.europa.eu/environment/etap/index_en.htm

④ 见 http://www.delegy.ec.europa.eu/en/st07775.en06.pdf

欧共体政策已经通过多种方式促进了新型环保技术的发展。

制定该行动方案旨在消除阻碍环境技术推广的壁垒，并促进其开发和利用。

环境技术行动方案是欧盟用来刺激生态创新和促进环保技术的一项计划。该方案基于如下共识：改善环境存在大量未开发的技术潜力，同时可以促进竞争力和经济增长。鼓励投资和先进环保技术的消费可以在一定程度上实现这种潜力。该行动方案旨在通过一系列的措施实现这一目标，这将需要欧盟、欧盟成员国、研究机构、行业和社会作为一个整体的共同努力。

该行动方案的措施可分为三大类：第一类是加速环境技术从实验室到市场的转换，这主要通过增加环保技术的研究项目来实现。第二类是通过消除市场壁垒来改善环境技术的市场条件。环境技术行动方案旨在动员公共部门和私人投资具有广泛市场应用的环保技术研发。2007~2013年欧共体竞争力和创新计划框架(CIP)[①]提供了一个专项预算用于促进生态创新技术。第三类是欧盟将促进环保技术的研发以及在全球的推广，欧盟的创新潜力可以有助于开发其他国家可能需要刺激其经济增长的相关技术。

此外，在减少环境货物和服务贸易壁垒的过程中，欧盟发挥着积极作用。2001年的多哈部长宣言要求世贸组织成员国就减少或者消除环境货物和服务(EGS)的关税和非关税壁垒进行协商。

潜在挑战

随着经济的增长，解决生产活动带来的有害的社会和环境影响，对于发达国家和发展中国家都越来越迫切。环境技术具有在全球层面上促进可持续发展的潜力。因为环境技术能够跨越传统的、污染的和资源密集型的生产模式，并在利用自然资源过程中提高生态效率，促进创新，提高竞争力，并解除经济增长与环境退化之间的联系。

此外，如果创新型环境技术能够进入快速增长的出口市场，就可以有助于巩固增长。先进技术贸易对于需要这类技术来帮助他们解决环境问题的贸易伙伴来说都是有利的。

确保环保投资是至关重要的。欧洲企业正在加大研发投资，并正在迈向知识型产业的这一新概念。特别是，公共和私人部门在研发方面的投资显著增加，这显示了对可持续未来的期望。

对于投资者而言，清洁技术和产品从长期来看更具有经济优势，因为这些产品避免了增加设备的额外成本，并形成更高效的生产流程。

---

① 见欧洲议会和欧洲理事会于2006年10月24日的决定1639/2006 / EC，该决定规定了一个竞争力和创新计划框架(2007~2013)。

这一举措可以将末端应用转换为综合技术解决方案，提高了环保技术对欧洲经济发展的潜在贡献。

环境技术已经成为一个迅速发展的行业。在工业化国家和发展中国家，对更好环境的需求上升都导致了不断扩大的环保技术、货物和服务供给。环境行业是一个多样化的和动态的部门，将在这个快速增长的市场中发挥作用。

浓厚的兴趣

在全球化、技术变革和新的政治优先议程的背景下，政策制定者都对环境领域表达了强烈关注。环境行业被普遍视为具有极大的增长潜力，它可以创造财富，创造就业机会，并会是在经济向可持续发展转型中扮演重要角色的一个行业。

这些政策也引起了人们的兴趣，就环境货物和服务部门的不同方面提出了许多问题。为了响应这类问题，从 1990 年到现在，经济合作与发展组织(OECD)和欧盟委员会已经在环境领域开展了一些工作。

从 20 世纪 90 年代以来，经合组织已经着手环境领域的工作，并且发布多个相关文件。1992~1996 年，经合组织发布了两份报告，阐明这些类型的活动[①]。

《环境货物和服务产业：人工数据收集与分析》(下文称《经合组织/欧盟统计局环境产业手册》)是由经合组织与欧盟统计局共同合作于 1999 年发表，在个别成员国和欧盟层面，在 1997 年和 2006 年期间，多项研究成果已投入使用。这些研究对收集数据、用于识别环保企业的可能资料以及环境领域基本概念的方法进行了调研。法国[②]、瑞典[③]、葡萄牙[④]和荷兰[⑤]开展了一些试点项目，涉及环境货物和服务部门的就业，研究结果由欧盟统计局以工作文件的形式于 2000 年发表[⑥]。

在该手册出版后不久，环境总署(DGXI)委托开展了一项研究，旨在提供欧盟环境部门[⑦]当前出口活动的分析。这项研究还考虑了出口业务的就业情况是否会对未来的出口增加产生影响。该研究还为促进欧盟环境行业出口和相关就业制定了政策建议。

2002 年，环境总署还委托对该报告进行了补充，描述了该行业的经济意义，包括就业水平[⑧]。因为没有在欧洲层面上关于环境行业的统计，这两项研究都采用

① 经合组织(1992),《经合组织环境货物和服务部门：现状、前景和政府政策》，巴黎；经合组织(1996),《全球环境货物和服务部门》，巴黎。

② 《法国环境就业，方法与结果》，1996~1998。

③ 《瑞典环境货物和服务部门》，1999。

④ 《葡萄牙环境货物和服务部门与就业》，1997。

⑤ 《荷兰环境相关就业》，1997。

⑥ 见 http://ec.europa.eu/environment/enveco/studies2.htm#industry-employment

⑦ 《欧盟生态工业的出口潜力》，欧盟委员会环境总署的最终报告. 生态科技，1999。

⑧ 《欧盟生态产业分析：就业与出口潜力》，欧盟委员会环境总署的最终报告. 生态科技，2002。

了现有的环境保护开支数据(环境保护货物和服务的需求)作为环境领域的代用值。

2005年，为了更新对出口、就业、市场规模等的数据，并深入了解不同部门，环境总署委托开展了第三次环境货物和服务部门研究[①]。由于没有关于环境行业新的可用数据，同样采用了前两次研究中采用的“需求方”方法。

20世纪90年代末和21世纪初，在界定了环境行业，并将该定义应用于试点项目方面，开展了密集的工作后，对环保行业的关注热度开始平复下来，只有少数国家仍在继续收集和宣传环保领域的有关问题。

然而，为了制定和跟踪相关的政策和策略，环境总署和企业总署仍在关注这些类型的活动。

环境总署对该领域的政治兴趣在于遵循更新的经济增长与就业战略[②](里斯本战略)和修订的可持续发展战略[③]，从而来测定欧盟对全球市场的领导力，并跟踪环境政策的影响。

企业总署的目标就是为企业实现由欧洲理事会于2000年3月在里斯本会议上设定的生产率增长、就业和财富目标，帮助创造良好氛围。这使得企业总署成为了环保行业相关统计数据的一个非常重要的用户。它们还涉及环境总署管理的环境行业项目。

1.2 目的与范围

为了响应目前的政策关注点，并帮助实施未来针对环境行业的政策措施，需要编制和编辑环境行业的可比统计。

在这种背景下，本手册的主要关注点与现有框架(例如SERIEE(欧洲环境的经济信息收集体系))和分类(例如 CEPA(环境保护活动的分类))是一致的。本手册用来代表经合组织/欧盟统计局于1999年编制的环境产业手册的更进一步措施[④]。它包括环境保护和资源管理两方面活动。为了提供一致的分析框架，本手册制定了与SERIEE和SEEA框架一致的环境货物和服务部门活动的分类。资源领域内已经制定了资源管理活动的新分类方法(CReMA)，专门用于环境货物和服务部门的数据收集。

因此，本手册基于经合组织/欧盟统计局环境产业手册以及SERIEE和SEEA框架中对行业的定义和分类。它描述了用于分析的数据收集方法和推荐方法及途

① 《扩大后的欧盟生态行业：规模、就业、前景和成长壁垒》，安永会计师事务所、RDC，2006。

② 见 http://ec.europa.eu/growthandjobs/index_en.htm

③ 见 http://ec.europa.eu/environment/eussd/

④ 经合组织/欧盟统计局(1999)，《环境货物和服务产业：人工数据收集与分析》。

径。其目的是增加一致性，并为读者提供建议和示例。全面落实这些建议应该有助于在欧洲统计系统(ESS)所有成员国的范围内，确保在一致的基础上进行数据编辑与维护。因此，基于上述方法的数据收集将会提高数据的可比性和质量。

本手册包含一套标准表格，用于根据欧洲委员会的信息需求来收集统计数据。本手册对用于这些表格编辑的数据如何保证质量和充分统一的要求做了详细解释。

为了制定标准表格和手册，于2006年成立了工作小组(TF)，由来自英国、德国、荷兰、瑞典、奥地利、芬兰、匈牙利、法国、西班牙、挪威和意大利的代表组成。一些补充的专业知识由加拿大提供。在制定的过程中还咨询了一组利益相关方。参与方包括环境总署、企业总署和欧盟统计局。在经合组织，欧洲委员会环境总署下的“环境协议和贸易”部门也提供了有关环保产业贸易自由化的世贸组织谈判的重要信息。

由于环境货物和服务部门的复杂性质，因此有必要检查其构成。作为一个前景看好的行业，调查其对经济增长的贡献、创新潜力、科技发展、国际竞争壁垒、工作机会、政府作用、环境货物和服务的进展和规模以及满足环境保护目标的能力，都是非常重要的。

表1.1[①]提供了一些政策问题(调查议题)和潜在变量(数据需要)之间的对应

表 1.1　政策问题与潜在变量之间的联系

调查议题	数据需要
对经济增长的贡献	营业额(国内和国外)、就业(如果可能，提供以下信息：性别和技能水平、雇佣人数和全职等效员工、直接和间接就业)、增加值、投资、出口等
创新和环境技术研发与评估	环境研发数据、环境技术专利、清洁技术和产品数据、末端治理支出与综合支出、高技能工人水平(教育水平)等
国际竞争的壁垒	当地供应商或垄断供应商的市场份额、所有权(国内或国外、公共/私有)、合并和收购、税收、补贴、市场销售和采购(国内/欧洲/外国)、利润或亏损、合资和许可协议、出口等
环境行业的规模/增长	企业和员工的数量、营业额、增加值。营业额、增加值、就业的相对年度增长度等
低技能工人的就业机会	教育水平
政府的作用	对环境货物和服务部门推广和出口的国家援助、为环境措施和创造绿色就业岗位提供的政府拨款、政府环境活动、市场与非市场环境活动的增加值和就业等
环境货物和服务的成本	环境货物或服务的单位价格
满足环境保护目标的能力	链接经济/非经济数据

① 改编自瑞典统计局, 1998。

关系。

然而，在广泛收集数据时，通常成本效益比会增加。因此，本手册和标准表格着重在于分别确定有限数量的变量：就业、营业额、增加值和出口。这些变量通过不同行业和环境行业的活动进行分析。

对营业额、增加值、就业和出口额进行分析将有助于回答针对环境货物和服务部门的不同方面的大量问题，例如：

· 增长潜力是什么?

· 就业创造的潜力是什么?

· 环境货物和服务的研发与出口方面的进展是什么?

· 清洁技术和产品研发是否有进展?

· 不同环境领域的进展是什么?

· 涉及清洁技术和货物的行业竞争力是什么?

· 环境和经济政策对该行业有影响吗?

· 行业效率是什么?

环境货物和服务部门贸易的规模、就业和份额还可以用于衡量环境政策“积极面”的影响，例如创新占有率、市场开发或出口增长。

1.3 手册的结构与组织

本手册的编制有助于编辑者制定环境货物和服务部门的统计。

因此，本手册旨在通过解决相关事宜，特别是环境行业的定义和分类、数据编辑方法、数据报告、数据分析，以支持环境行业数据的收集，并向欧盟统计局报告。

本手册分为六章：

· 第 1 章介绍了环境行业相关的背景信息以及本手册的内容范围和组织结构。

· 第 2 章给出了环境货物和服务部门的定义，并根据所开展的活动类型和相关环境领域的分类指南。

· 第 3 章为环境货物和服务部门群体识别以及根据环境领域进行的活动分类提供了指导。

· 第 4 章描述数据收集、分析和报告过程中采用的不同方法。

· 第 5 章介绍了数据收集工具的结构以及如何填写标准表格的建议。

· 第 6 章就如何提供和解释收集数据的结果给出了建议和示例。

附件中提供了支持信息，包括环境活动的详细说明(包括示例)、使用调查的信息、第1.1版NACE(欧洲共同体经济活动命名法)[①]和第2版NACE之间的对应关系、各国的最佳实践和活动登记活动的定义。

每一章和附件都包含了表格、数据和注释，旨在就环境货物和服务部门的数据收集涉及的不同问题为统计人员提供建议和最佳实践的示例。

本手册(第2章)中给出的环境货物和服务部门定义是以经合组织/欧盟统计局于1999年编制的手册中与环境相关活动的定义作为起点。该定义设定了系统的边界，并包含了提供传统环境服务中许多不同的业务，例如废物治理、改良品的生产和综合技术。

根据环境领域(第2章)对环境货物和服务部门活动的分类旨在表明哪类货物和服务可以认为是环境货物和服务。同时，本手册对各种环境领域提供了详细概括，并指出在哪里寻找环保活动。然而，分类主要内容范围是提供一个框架，根据环境货物和服务部门所属的环境领域对其进行划分。该信息可以为政策设计与评估提供有价值的帮助。

第3章介绍了环境货物和服务部门群体的识别。根据各国的不同特点可以采用不同的方法。有些活动通过NACE代码很容易辨别。根据NACE规定的类别，采用不同的方法和信息来源，对于其他的环境货物和服务生产商也可以识别。本章还采用了一些环境货物和服务清单。这些清单应该看作建立群体的起点，而不是环境货物和服务部门的技术、产品和服务的完整组合。

第4章讨论了与数据收集相关的议题，并介绍了几种数据收集方法，以及作为环境货物和服务部门主要指标的四个变量的主要信息来源：营业额、增加值、就业和出口。

第5章介绍了标准表格，第6章给出了提供和分析收集数据的一些建议。

注：本手册旨在成为经合组织/欧盟统计局环境产业手册的内容拓展。它借鉴了工作小组成员对环境货物和服务部门开展的收集、分析的经验。因此，本手册同时是“人工”和“编辑”指南。

要提供一个无需改编就能适合各国情况的标准编辑方法是不可能的。其中至少有两个原因：环境货物和服务部门是一个非常独特的领域，它超出了现有的分类，并且在整个欧洲范围内对待环境货物和服务部门的经验也各不相同。迄今为止，已经出现了一些最佳实践模式的经验。因此，本手册概括了各种可能的选项。

---

① 采用NACE第1.1版(“欧洲共同体经济活动命名法”——欧洲共同体经济活动统计分类)是为了在欧洲共同体内部的经济活动建立一个通用的统计分类，以确保国家分类和欧共体分类之间的可比性，从而使国家和欧共体的统计数据具有可比性。参见1990年10月的理事会条例(EEC)号3037/90和1993年4月的理事会条例(EEC)号761/93中关于NACE第1.1版的说明。

另外，本手册制定了一个处理资源管理(RM)活动的框架，在标准分类中未包含该框架。资源管理活动是基于SERIEE和SEEA中的概念和定义而提出。

本手册的内容组织有助于为具有不同程度的环境货物和服务部门经验的用户提供帮助。各章中都提供了定义、方法论说明、建议和示例(表1.2)。

表 1.2 环境货物和服务部门手册的章节结构

位置		内容	
章	节	信息	重点
1. 概况	目的与范围	本手册的驱动力、目的、范围和内容组织	
2. 环境货物和服务部门	定义	经合组织/欧盟统计局环境产业手册中的定义	
	界限	界定行业用于统计	环境行业包含和不包含什么内容?涉及何种环境技术、货物和服务?涉及哪些生产者和活动?
	环境货物和服务部门的分类	根据环境领域进行的分类	环境保护活动分类(CEPA 2000)和资源管理活动分类(CReMA 2008)
3. 群体	群体识别	如何选择群体，并制定环境货物和服务部门的生产商清单?	主要的信息来源是什么?如何使用活动和货物分类(NACE, CPA, HS, CN 等)?
	环境领域的分类	如何推进按照环保领域进行活动分类?	如何在实践中使用 CEPA 2000、CReMA 2008 分类方法?
4. 数据收集框架	现有方法、数据来源和指标	如何收集环境货物和服务部门的统计信息，包括营业额/增加值、就业、出口?	如何使用现有的统计和调查资料?哪些属于主要的一般政府和企业?
5. 标准表格	组织、数据请求和打印选项	所有表格的一般说明，如何填写并打印标准表格的指南?	使用标准表格的建议
6. 数据的提出及说明	根据经济变量或部门、环境领域、输出类型进行分析；时间序列分析或国家之间的比较	如何提供和分析已收集的数据?	关于数据表示的建议，特别是改良品和综合技术

第 2 章　环境货物和服务部门

本章在更广泛的欧洲环境的经济数据采集体系[①](SERIEE)和环境与经济核算体系[②](SEEA)的背景下，制定了环境货物和服务部门有关的一般概念(以下简称 EGSS、生态产业和环境行业)。本章首先介绍了环境部门的一般定义，介绍了用于统计的行业界定、需要测定的业务活动以及需要考虑的生产商。本章还根据环境领域对行业进行分类。最后，附件中提供了详细的定义、示例和实际建议。

2.1　环境行业概况

本手册采用经合组织/欧盟统计局环境产业手册[③]中规定的环境相关活动的定义作为一个起始点。环境相关活动是指“测定、防止、限制、减少或校正对水、空气和土壤的环境损害，以及与废物、噪声和生态系统相关的问题的活动。这包括能够降低环境风险和减少污染和资源使用的清洁技术、货物和服务。”因此，环境行业可以描述如下：

环境货物和服务部门由以下各种技术的生产者[④]、货物和服务组成：

测量、控制、恢复、预防、治理、减少、研究并重视对空气、水和土壤的环境损害，以及与废物、噪声、生物多样性和自然景观相关的问题。这包括可以防止或减少污染的“清洁”技术、货物和服务。

测量、控制、恢复、防止、减少、研究并重视资源消耗。这主要包括能够减少自然资源使用的资源节约型的技术、货物和服务[⑤]。

这些技术和货物(即货物和服务)必须满足最终用途准则，即它们必须以环境

---

① 欧盟统计局, 1994,《SERIEE 手册：欧洲环境的经济数据采集系统》。

② 联合国、欧盟统计局、经合组织、国际货币基金组织、世界银行，2003,《集成环境与经济核算体系：SEEA》。

③ 经合组织/欧盟统计局, 1999,《环境货物和服务产业：人工数据收集和分析》。

④ 从广义来说，技术是指关于生产产品和服务的方式和方法的专有技术。它包括组织方式以及实际技术。经合组织对技术给出了如下定义：“技术是指将资源向输出转化的与方法有关的知识状态。技术创新包括新产品和新工艺以及对产品和工艺的重大技术改进。如果一项创新已经引入市场(产品创新)，则表明该创新已经实现。”经合组织生产力使用手册：产业层次和总生产率增长的衡量指南，经合组织，巴黎，2001 年 3 月，附件 1－术语表)。

⑤ 自然资源是指实际投入，它包括可以从自然环境中提取的可再生资源和不可再生资源。自然资源是指通过提供用于经济活动的材料(例如化石能源、原材料或水)来提供使用效益或者可以在某个时间内提供这类效益的环境要素；并且这类环境要素能够通过人类使用为其损耗进行定量。联合国、欧盟统计局、经合组织、国际货币基金组织、世界银行，2003,《集成环境和经济核算体系：SEEA》，http://unstats.un.org/ unsd/envAccounting/ seea2003.pdf

保护或资源管理目的(以下简称“环境目的”)作为其主要目标。

根据 SERIEE 和 SEEA 采用的命名法规定，环境技术和货物包括特定的环境服务、单用途环境产品、改良品、末端处理技术和综合技术。

根据 SERIEE、SEEA 和经合组织/欧盟统计局环境产业手册，这些环境技术和货物可分为两大类。

环境技术和货物的分类

环境保护(EP)：包括具有预防或补救性质的技术和货物，用于预防、减少、消除和治理空气排放、废物和废水、土壤和地下水污染、噪声和振动以及辐射；预防、减少和消除土壤侵蚀和盐度以及其他种类的退化；保护生物多样性和自然景观以及监测和控制环境介质的质量和废物[①]。

以经合组织/欧盟统计局手册作为起点

资源管理(RM)：包括管理和/或保护自然资源的存量免于耗竭的技术和货物，包括预防和恢复活动以及监测和控制水平和利用自然资源存量。

以上两类都包括行政活动、教育、培训、信息和通信活动以及研究和开发活动。

环境货物和服务部门的生产商：一般政府和企业

环境行业具有高度多样化特征。它包括由一般政府和企业开展的活动，涵盖从公共管理到教育机构，例如：制造企业咨询。

主要活动、次要活动和辅助活动

另外，环境技术、货物和服务的生产可以是主要活动或次要活动，也可以用于内部使用，即辅助活动。

2.2 环境货物和服务部门的界定

2.2.1 环境行业包含和不包含什么内容?

环境部门提供什么?

环境行业包括各种用途的环保技术、货物和服务的提供，即中间消费[②]和最终

① 改编自 SBS(结构商用统计)监管变量定义和 CEPA(环境保护活动的分类)2000 分类与类别的定义。

② 中间消耗包括作为生产过程的投入而消费的产品和服务的价值，不包括固定资产、记录为固定资本消耗的消费；该货物或服务可以由生产过程进行转换或消耗。(http://stats.oecd.org/glossary/)

消费[①]以及资本形成总值[②]。

用来衡量的技术、货物和服务包括什么?

对于统计而言,环境行业的范围只包含为环境而生产的技术、货物和服务(“环境目的”)。

环境目的是什么含义?

“环境目的”是指已经生产出来的、用于以下目的的技术、货物或服务:

· 防止或减轻污染、环境退化或自然资源枯竭。

· 减少、消除、治理和管理污染、环境退化和自然资源消耗或恢复对空气、水、废物、噪声、生物多样性和自然景观的环境破坏。

· 开展其他活动,例如与环境保护和/或资源管理有关的测量和监控、控制、研究与开发、教育、培训、信息和通信。

环境目的:业务活动的技术性质和生产商意图

为了确定技术、货物或服务是否属于环境货物和服务部门的一部分,环境目的必须是其“主要目的”。这主要根据业务活动的技术性质或生产者意图来确定,即不考虑用户意图如何。

例如,这一标准会使得废物治理服务的专业生产商被包含在环境货物和服务部门内,即使他们其实根本就没打算保护环境。由于废物治理从技术的角度来看符合基准定义,即从环境中消除废物,因此该活动包含在环境货物和服务部门范围内。

然而,基于生产商意图的选择标准应该用于处理特殊情况/边界情况(根据以上标准,这些情况都已经解决)。

在实践中,生产者的意图是指:

· 生产商对其产出的环保特性的意识

· 生产商对其产出的用途的意识

· 生产商处理其产出的环境相关市场

这种情况也适用于可再生能源技术、清洁汽车或生态高效设备的制造商。

相反,用户的目的在环境货物和服务部门条件下不作考虑。

---

① 最终消费包括单个家庭或社区为满足其个人或集体的需要或需求而消耗的货物和服务。(http://stats.oecd.org/glossary/)

② 资本形成总额通过固定资本形成总额的总价值来衡量,库存和收购中的变化需要减去一个单位或部门的贵重物品处置。固定资本形成总值由生产商收购的总价值来衡量,减去会计期间的固定资产处理,加上通过机构单位的生产活动实现的某些非生产性资产(例如地下资产或土地的数量、质量和生产力的重大改进)的产品价值。(http://stats.oecd.org/glossary/)

环境货物和服务部门不包括什么内容?

主要目的不是环境目的的所有技术、产品和服务(根据技术性质或生产商意图)，即使该技术或货物对环境存在有利影响，也不属于环境货物和服务部门。例如通过电子形式交付的文件，这是一种可替代打印和实物交付的服务，从而节约大量纸张以及运输能源，并有助于资源使用最少化。但是这种服务主要不是用于环境目的。

因此，环境货物和服务部门不包括对环境有益的，但主要目的是满足健康和安全的技术以及人类和经济需要或要求的活动。

自然灾害和风险管理

主要旨在防止或减少自然灾害对人类健康的影响的自然灾害和自然风险管理相关的活动，不属于环境货物和服务部门。

注： 尽管经合组织/欧盟统计局环境产业手册把自然灾害和自然风险管理活动纳入环境行业，但是本手册中并没有把它们包含在环境货物和服务部门中。事实上，自然风险管理活动的主要目的是防止或减少自然灾害的影响，例如风暴或火山喷发对人类活动的影响。当然，自然环境也受这类灾害的影响，但是人类则是自然风险管理活动的焦点。然而，有些类型的活动，例如降低山体滑坡和洪水风险的土壤侵蚀保护活动属于环境货物和服务部门，因为他们的主要目标是保护土壤。

不可再生资源的开采、运用和开发

这类技术、货物和服务用于开采、运用和开发不可再生资源[①]不属于环境货物和服务部门。这些都是使用资源存量的技术、货物和服务，但是环境货物和服务部门关注的是防止或减少资源消耗。

2.2.2　包含何种环境技术、货物和服务呢?

包括何种环境的技术和货物?

环境货物和服务部门产生的技术、货物和服务根据图 2.1 中描述的功能和特性进行分类。附件 2 提供了环境技术、货物和服务的详细示例。

① 不可再生资源是指存在固定数量、不能按照消耗和使用速度进行重新制造、重新生长或再生的一种自然资源(改编自 2003 年 SEEA)。有些不可再生资源也可以再生，但是需要花费极长的时间。例如化石燃料需要数百万年的时间才能形成，因此并不能认为是“可再生资源”。

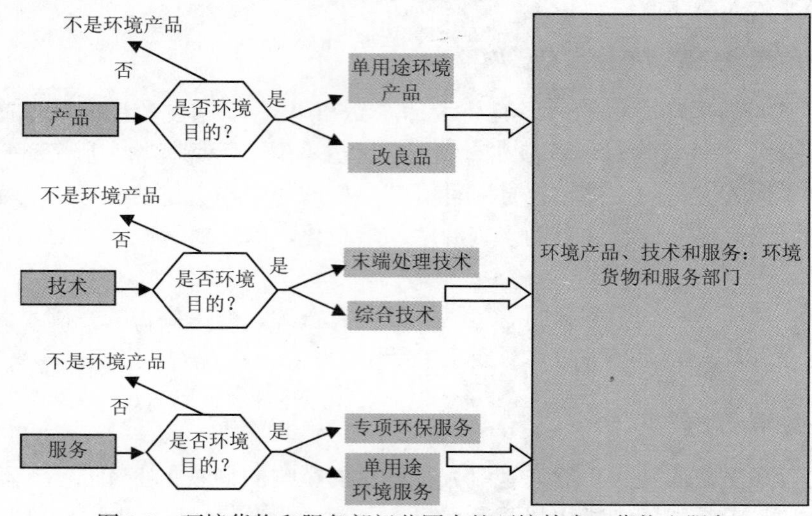

图 2.1　环境货物和服务部门范围内的环境技术、货物和服务

环境货物和服务部门产生的技术、货物和服务可以分为“特定”环境服务、单用途环境产品(货物和服务)、改良品、综合技术和末端处理技术[①]。

专项环保服务

专项环保服务[②]包括具有环境保护或资源管理的“特色”活动的输出。根据国民经济核算体系(SNA)规定，特色活动是指“研究领域中典型的”活动。根据SERIEE 规定，特色活动是指具有环境目的的活动[③]。

专项环保服务可划分为：

· 环境保护(EP)服务：其目的包括污染或环境退化的预防、减少/治理/消除、测量、管理、教育等，例如废物治理和污水管理活动。

· 资源管理(RM)服务：其目的包括自然资源损耗的预防、减少、测量、管理、教育等，例如减少水的渗漏和损失、节能和节水的活动。

单用途环境产品

单用途环境产品可以是服务或产品(耐用品或非耐用品)[④]。根据国民经济核算体系(SNA)定义，单用途环境产品是指“明显涵盖在研究领域概念范围内，而不是典型的、自然的属于该范围，或因为它们可划分为更广泛的产品类别”。在环境

① 见 SERIEE § 10031。

② “专项环保服务”的概念见 SNA93§§21.61~21.62; SERIEE§§2010~2023 中的定义。

③ 见 SERIEE § 2009~2014。

④ “单用途环境产品”的概念可参照 SNA93§§21.61~21.62; SERIEE§§2024~2034。

货物和服务部门中，单用途环境产品直接服务于环境保护或资源管理，除此之外没有别的用途。,

单用途环境产品可以分为：

· 环保服务，例如化粪池的维修服务。

· 资源管理服务，例如可再生能源生产技术装置。

· 环保服务提供的产品，例如垃圾袋、化粪池、旨在监控废水中污染物浓度的设备、捕获空气颗粒的过滤器以及专门用于环境保护技术中的所有组件。

· 减少资源使用或提供资源管理服务的产品，例如旨在监控地下水位的设备(例如水表)和专门用于资源管理技术中的所有组件。

单用途环境产品与特色活动的输出

应该注意的是：当产品为用于特殊功能，即使它们不是功能特色输出的活动，该产品也视为单用途环境产品，例如在日常维修中，存在多种原因，需要对排气管进行调节。因此，一般来说，这些服务不属于“保护环境”功能。当这些服务专门用于减少废气排放时，它们就可视为单用途环境服务。

当安装工是专职人员(即其大部分营业额来自于安装技术)时，环境技术(末端治理或综合技术)的安装被视为单用途环境服务，例如安装太阳能电池板的安装工。

改良品

改良品[①]是指与提供类似效用[②]的同类正常产品相比，具有更少污染或更节约资源特征的产品。它们的主要用途不是环境保护或资源管理。改良品可划分为：

· “清洁”产品：这类产品有助于防止污染或环境恶化，因为与类似“正常”产品相比，这些产品在其消费和/或报废时可减少污染。例如无汞电池、汽车或巴士，这些产品空气排放较低并具备吸音沥青。

· “资源高效”的产品：这类产品有助于防止自然资源枯竭，因为它们在生产阶段(例如再生纸和可再生能源、热泵和太阳能电池板产生的热量、热电联产的能量和热量)和/或在使用阶段(例如资源节约型电器、节水设备，包括自来水过滤器或冲洗厕所的分布系统、淡化水装置)可以使用较少的自然资源。

改良品可以是耐用品和非耐用品。这类产品可以购买用于中间消费和最终消

① 改良品的概念可参照 SERIEE§§2024~2034。

② 改良品更为昂贵，环保预算或额外成本的预算由环境保护开支账目承担。在环境货物和服务部门统计中，比同类的正常产品具有更高成本要求的产品应该不考虑，应该考虑营业总额、增加值、就业和出口，而不仅仅考虑环境份额。

费以及资本形成，例如生物可降解的肥皂、生态油漆、清洁汽车、高效冰箱和洗衣机等。这类产品可以是现有产品的再制造或重新设计的结果，具有明确的减少污染物输出或资源使用最小化目的。它们也可以是新产品的生产结果，其目的具有双重性——既要满足消费者的需要，又要防止污染或节约资源。

改良品及其环境目的

改良品不同于特定服务和单用途环境产品，因为后者除了用于环境保护或资源管理以外，没有其他用途，而前者没有环境保护或资源管理的主要用途。根据SERIEE，如果根据产品的技术性质符合以下条件，则必须视为“适应性”产品：

· 与同类正常产品相比，它们在消费和/或报废具有较少污染(环境保护改良品)。

· 在生产阶段和/或使用阶段，消耗更少的自然资源 (资源管理改良品)。

改良品的定义是基于产品的技术特点。根据这一定义，可能会出现这种情况，即改良品通常用于中间消耗，并包含在其他(因此也是适应性)产品中(SERIEE § 2031)。例如再生纸和采用再生纸印刷的书本都可认为是改良品以及使用无CFC泡沫的冰箱。在这种情况下，无CFC泡沫(部分包含在冰箱中)和冰箱都是改良品。

改良品和环境份额

由于改良品(它们的主要用途不在于环境保护，市场上几乎所有产品中都能发现改良品)的特殊性，SERIEE建议与改良品有关的经济总量不包括在统计数据中，而通过与同类正常产品相比，改良品的额外成本[①]所测定的“环境份额”应该包含在统计中。

因为环境货物和服务部门的生产数据统计旨在衡量该行业及相关市场的规模，以量化改良品生产所产生的营业额、增加值、就业和出口。总数值应该包括在内，不包含改良品与同类正常产品相比时所计算出的环境份额。因此，在比较和使用环境货物和服务部门所产生的统计数据与来自 SERIEE 支出账户的数据时，需要特别注意。

· 环境技术是指具有环保的技术性质或目的工艺流程、装置与设备(货物)和方法或知识(服务)。环境技术可被划分为：

末端处理技术

· 末端处理技术：主要包括用于测量、控制、治理和修复/校正污染、环境退

① 为了评估额外成本，改良品和同类正常产品应该仅在其生产成本的水平进行比较，即不包括产品的任何税收以及产品或生产的任何补贴，即在生产商补贴或消费者的财政激励措施之前。

化和资源消耗的技术装置和设备。这些设施和设备都独立运行，或者作为生产和终端消费周期中可识别的部分。例如用于处理已生成的污染或已开采的资源，或测量污染或资源使用(监测)水平的设备或设施[①]。

末端处理技术可用于：

· 在污染或环境退化产生后，对其进行治理/减轻/消除。

· 通过材料的重新利用或回收利用系统来减少下游的自然资源使用量(即投入与产出相同，但是包含了回收材料)，减少自然资源损耗。

因此，用于专项环保服务的设施(例如废水或废物处理设施)、过滤器、焚化炉以及材料回收设备等，都属于末端处理技术。

综合技术

综合技术是指用于生产工艺中的工艺流程、方法或知识，这类技术与同类生产商采用的同类平均技术相比，具有更少的污染和资源使用强度。与相关的替代方案相比，使用这类技术对环境危害更小。

综合技术可以是：

·“清洁”技术，其目的是防止污染或环境退化。

·“资源节约型”技术，其目的是通过减少上游自然资源的开采来防止自然资源损耗(即少用自然资源投入来获得同样的输出)。

例如在制造业中，“清洁”技术是指能够创造最为生态高效的工业流程的技术(如与水泥生产中的湿式水泥窑相比，干式水泥窑就更为清洁)。

在农业领域，“清洁”技术是指能够减少并降低农业对土壤质量的负面影响的技术(例如有机农业[②])。

在能源生产领域，“资源节约型”技术是指可进行再生能源生产的技术，例如风能、太阳能电池板、水电涡轮机、热电联产等。

因此，综合技术主要是指通常集成在生产周期中的方法、实践和设备。在生产过程中其环境效益得以增加。

综合技术可以是对现有设备/方法/实践明确的改进，旨在在它们直接使用在生产流程中减少污染物的输出或使资源使用最小化。也可以是新设备的生产或新方法和新实践的应用，其目的具有双重性——污染防治或提高资源效率和生产力。

与国家现行标准相比，综合技术可以减少材料投入，减少能源消耗，减少浪费和/或减少排放。

---

① 改编自 SBS(结构商用统计)监管变量的定义 (21 11 0)。

② 有机农业是一种综合技术，即用于生产过程的最佳实践方法。但是出于实际的原因(能够测量有机农产品的营业额、增加值和出口)，现已商定：有机农业的变量将被列为改良品(它们在生产阶段污染更少，因此它们不符合改良品的定义)，而不是作为一项综合技术。

通常来说，在污染或环境退化已经产生后，或自然资源已经开采后，末端处理技术、单用途环境产品和一些专项环保服务才发生作用。它们不能防止或减少上游的污染和资源枯竭，而只是在污染和资源枯竭这类现象发生后，对其进行治理、处理和管理。

相反，综合技术、改良品和其他一些专项环保服务可以防止和减少上游的污染或环境退化和自然资源消耗。

综合技术的环境份额

对于改良品，SERIEE 建议没有考虑到与综合技术有关和总体情况，而仅仅是基于正常同类设备的额外成本，评估了环境份额[①]。因为环境货物和服务部门的统计数据应该允许衡量集成。

技术生产所产生的营业额、增加值、就业和出口，所以总数值应该包括在内。因此，在这种情况下，在比较和使用环境货物和服务部门所产生的统计数据与来自 SERIEE 支出账户的数据时，需要特别注意。

国家标准和国家市场

为了识别综合技术和改良品，有必要寻找一种替代的比较方法。该替代方法对应于在国家市场中通常采用的具有类似效用的比较方式，并且除了环境保护或自然资源保护方面以外，该替代方法在各方面都具有类似的功能和特性。第 3 章中介绍了如何识别替代比较方案的方法和示例。

表 2.1 总结了本手册使用的用来区分环境技术、货物和服务的术语。

表 2.1　环境技术、货物和服务的命名

			环境保护	资源管理
技术	综合技术	清洁技术	×	
		资源节约技术		×
	末端处理技术		×	×
货物	改良品	清洁技术	×	
		资源节约技术		×
	单用途环境产品		×	×
服务	专项环保服务		×	×
	单用途环境服务		×	×

① “适应性资本产品和集成设备之间没有明显的理论区别，但是却有实际的差异。在其技术规格上，集成设备通常用于特殊的单一生产商或行业，额外成本最易于通过采用该设备的生产商进行评估。一般来说，适应性资本产品和改良品以及单用途环境产品通常都用于多个或所有行业和家庭。额外成本以及改良品的使用很容易从外部进行评估”(SERIEE § 2034)。2005 年的欧盟统计局《环境支出统计：行业数据收集手册》中提供了综合技术示例和评估其环境份额的标准。

2.2.3　生产商与业务活动

环境货物和服务部门的每个部门都是投入技术、货物和服务，生产流程，产出技术、货物和服务。换言之，环境货物和服务部门活动就是“经济”活动，类似于 ISIC[①] 和 NACE[②]国际分类中所列出的所有活动。

在环境技术、货物和服务的供应链中，需要选择标准以区分属于环境行业的生产活动和属于企业的其他活动。在该供应链内，存在环境技术和货物的部件供应商、主要生产商和分销商。

在环境货物和服务部门范围内，应该考虑生产链中的哪一部分?

为了便于统计，只有生产最终环境技术、货物或服务的生产商，即主要生产商，包括在环境货物和服务部门的统计中。对于向主要生产商提供环境技术或货物组件的生产商，如果这些组件并非专门用于环保技术时，这类生产商不包括在统计范围内。把已经生产的货物出售给最终用户的活动(最终产品的分销商)也不包括在统计范围内。这意味着非专营环境组件的供应商和环境技术和货物的分销商都不属于环境货物和服务部门的组成部分。

与环境技术和货物有关的安装和建设活动都属于环境货物和服务部门的一部分

只有当单用途环境服务的生产商专门从事于环境技术和货物的安装时，安装活动才属于环境货物和服务部门的一部分。

建筑活动属于环境货物和服务部门的一部分，例如专项环保服务设施的建设(在这种情况下，建设活动由末端处理技术的生产商进行)或专门从事于改良品的建设(例如建设被动能源建筑/节能建筑，在这种情况下，建设活动由改良品和生产商进行)。

生产商是什么类型，需要衡量哪些类型的活动?

环境行业是由两类生产商组成：一般政府和企业(图 2.2)。

① ISIC 是指联合国全部经济活动国际标准产业分类。该分类是用于生产经济活动的国际分类标准。其主要目的是提供一个经济活动的标准组，从而可以将实体根据其所开展活动进行分类。

② 欧洲共同体经济活动命名法(NACE)是指欧盟统计局所采用的工业分类：http://circa.europa.eu/irc/dsis/nacecpacon/info/data/en/index.htm

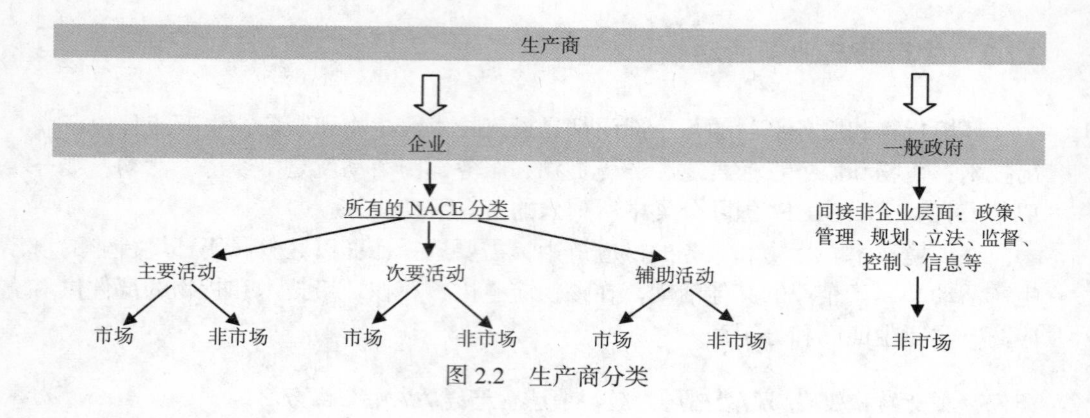

图 2.2 生产商分类

一般政府

在本手册中，一般政府[①]定义为中央、区域和地方政府、主管部门、社团以及与立法、监督、控制、信息等有关的政府机构。一般政府会涉及向用户提供或多或少的免费公共服务，并且主要来自政府预算进行资助。不包括政府拥有的进行市场运营的实体，例如国有企业。

本手册推荐了收集并编辑有关一般政府统计资料的统计单位，包括：

· 中央政府：该部门包括中央机关和其他中央机构的所有行政部门，其管辖权涉及整个经济领域，除了社会保障基金的管理。

· 州政府：该部门包括行使部分介于中央政府和地方政府之间的政府功能(不包括社会保障基金的管理)的独立机构单位。

· 地方政府：该部门包括公共部门和/或机构，不包括社会保障基金的地方机构，管辖权只涉及国家经济领域的本地区域。

例如：一般政府的环境货物和服务部门活动是指在环境保护或自然资源管理领域内开展监管、管理或控制活动的机构和所有的公共机构或部门，例如属于该行业的生物多样性、林业、农业和公共能源机构。

政府拥有的垃圾和污水处理服务设施的部门都划分为企业范畴

环境货物和服务部门中一般政府的定义不包括政府拥有和控制的非市场单位，即国有企业，例如垃圾和污水处理服务。这类单位都被划分为企业范畴[②]。

---

① 欧洲国民经济账户体系 1995 (ESA 95)给出了不同级别的政府定义。一般政府可分为四个类别，即中央、州和地方政府以及社会保障基金。

② 根据 2002 年的欧盟统计局编辑的 EPEA(环境保护开支账目)指导，开展环境保护服务的一般政府单位被认为是专业的生产商。在环境货物和服务部门，他们被认为是开展非市场活动的国有企业。

企业

在本手册中，**企业**是指从事第 2 版 NACE 中 A~Q 类活动的单位。

收集并编辑有关企业统计资料的推荐统计单位是指相当于一个局部单位的局部业务单位(LKAU)。根据欧洲国民经济账户体系(ESA)，局部业务单位在国民经济核算体系(SNA)[①]也称为机构。企业的活动可以根据不同的标准进行分类。本手册区分了市场与非市场活动、主要活动、次要活动和辅助活动。

市场/非市场活动

业务活动可以市场或非市场，取决于销售的货物或技术的价格所涵盖的生产成本的百分比。根据欧洲国民经济账户体系 1995：

市场活动包括以具有经济意义的价格对技术/货物进行销售，即销售额应该包括 50%以上的生产成本。统计所考虑的价格是指不包括增值税或补贴的价格。例如所有追逐利润的企业类型都属于市场活动。

非市场活动提供免费的或价格不具有经济意义的技术或产品。

例如传统上都是由在政府控制的企业开展的废物治理或污水管理都是非市场活动。

主要活动和次要活动

此外，欧洲国民经济账户体系 1995 根据他们为其生产商所提供收益额，对主要活动或次要活动进行了量化。

主要活动是指能够产生所指单位大部分收益的活动。

次要活动是指在主要活动之外，生产少量的其他技术和产品用于其他单位的活动。

采用什么标准来区别主要活动和次要活动?

主要活动和次要活动之间的区别基于其总增加值(GVA)所占的份额。主要活动是产生绝大部分增加值的活动。如果没有增加值数据可用，必须采用其他标准，例如就业、工资表、营业额和资产，以便在增加值的基础上，获得最接近的近似差别情况。因此，对于非市场生产商，主要活动是占生产成本的大部分。但是这并不一定意味着主要活动需要占到实体总增加值的 50%或更多。

---

① 参照 1993 年 3 月 15 日的理事会条例(EEC)，第 696/93 号，第 III G 节关于欧共体内部生产体系的观察和分析的统计单位以及 ESA 2.106，脚注 15。

辅助活动

当活动的受益人是生产商本身时，该活动即可认为是辅助活动。

辅助活动会产生同一单位中的、用于资本形成以外的技术或产品。因此，辅助活动是指通过提供货物或服务用于实体，专门用于支持一个实体的主要生产活动。

例如环境辅助活动包括室内废物收集和处理、内部污水处理设备、教育和培训以及其他通常管理、用于内部消费/使用的可再生能源生产等。

附件 1 中给出了主要活动、次要活动和辅助活动的详细定义。

> **注**：根据第2版的NACE的入门指南，(再生能源)汽车的生产不应计入辅助活动。因为再生能源汽车的生产在某些工业领域(主要是在食品工业和造纸行业)是用于资源管理的最重要活动之一，所以，在环境货物和服务部门标准表格中，该行业应该被记为辅助活动。

2.3　环境行业的分类

环境技术、货物和服务如何分类?

环境技术、货物和服务可以分为两类：环境保护和资源管理[①]，如图 2.3 所示。

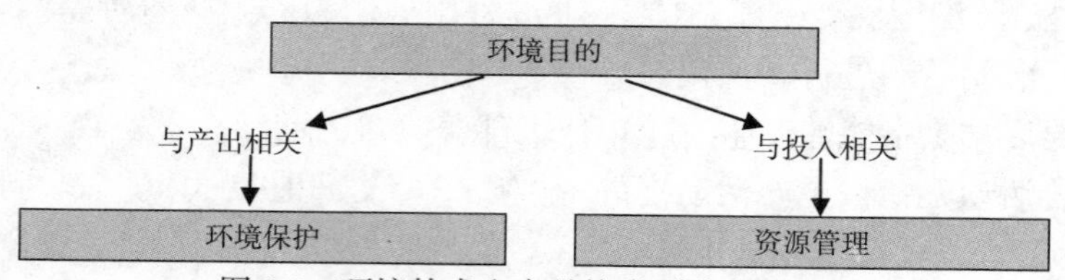

图 2.3　环境技术和产品按类别分类

环境保护包括具有预防或治理性质的技术、货物和服务，例如减少、预防或治理废物和废水；预防、消除或减少空气排放，治理和处理被污染的土壤和地下水，预防或减少噪声和振动水平，保护生态实体和景观，环境介质的质量监测，以及研究与开发(R&D)针对环境保护的日常管理和培训、教学活动。

资源管理包括用于管理和/或保护自然资源的技术、货物和服务。重新利用和

① 欧洲环境的经济数据采集体系(SERIEE)的结构可以有助于识别环境活动。SERIEE 包含两个卫星账户。第一个是环境保护开支账目(EPEA)，旨在描述与开展环境保护，免受污染和环境退化的措施和相关支出(定性的角度)。第二个是自然资源使用和管理开支账目(RUMEA)，用于描述开展管理和保护自然资源的存量，使之免于枯竭的措施和相关支出(定量角度)。

回收利用、增加/补充库存、枯竭资源的恢复或监管、测量和控制相关的技术和产品都属于这一类。

本手册包含哪一类自然资源?

本手册所指的自然资源是指 SERIEE 中所界定的范围，即非生产性自然资产，以产品形式进行使用的资源。因此，本手册不包括牲畜、植物以及由于使用天然资产(审美价值等)的某种功能而产生的环境服务。因此，自然资源包括内陆水域、自然森林、野生动植物和地下储备(化石能源和矿产)①。

环境保护和资源管理之间的区别

环境保护和资源管理之间的主要区别在于：环境保护涵盖了专门与保护环境免受社会经济活动的有害影响，通过防止/减少污染和环境退化现象或在污染和环境退化现象发生时，对损害进行恢复和修复的技术、货物和服务。而资源管理涵盖了减少对不可再生资源的需求和使用的技术、货物和服务。资源管理活动也可能导致相关的、次生的环境效益，例如野生动物和自然栖息地的保护和恢复②。

因此，环境保护关注于实际产出，而资源管理关注于投入(自然资源)。

根据环境领域进行分类

环境货物和服务部门的所有技术、货物和服务都可以根据预防、减少或治理环境损害的环境领域、和/或根据最小化使用资源进行分类。环境保护活动针对空气、水、废物或者噪声领域等进行，而资源管理活动主要针对水、能源和矿产。

该类别的环境保护活动可以采用环境保护活动的分类(CEPA 2000)进行划分。

属于资源管理类别的活动可以根据受影响的自然资源进行区分，并根据资源管理活动的分类(CReMA 2008)进行分类。

在接下来的段落中，本手册介绍了两种类别。第 3 章介绍了在某些特殊情况下采用的实践指导，例如将这些活动可以分为两个或多个领域。

环境保护活动根据 CEPA 来分类

SERIEE 建议的环境保护活动的分类(CEPA)包括九类，附件 2 中对该内容进行了详细介绍。总体的内容结构如下。

1. 环境空气和气候保护
2. 废水治理

---

① SERIEE, 1994, 第 X 章, § 10043-45。

② SEEA, 2003, 第 76 页, http://unstats.un.org/unsd/envAccounting/seea2003.pdf

3. 废物治理
4. 土壤、地下水和地表水的保护与恢复
5. 减少噪声和振动
6. 保护生物多样性和景观
7. 辐射防护
8. 研究与开发
9. 其他环境保护活动

现在，还没有国际公认的资源管理活动分类标准。本手册提出了一个分类为自然资源管理类别，由于正式分类方法仍需要等待，该分类被认为是一个临时分类方法[①]。

资源管理活动的分类

以下介绍的资源管理活动的分类(CReMA)是在欧洲层面上讨论的结果，并被视为结合了经合组织/欧盟统计局 1999 年手册的改进版。

初步分类包括七个类别。详细内容见附件 2。内容结构如下。

10. 水体管理
11. 森林资源管理
    11 A. 林业区域管理
    11 B. 森林资源开采量最小化
12. 野生动植物管理
13. 能源管理
    13 A. 再生能源生产
    13 B. 节热节能和管理
    13 C. 化石资源作为能源生产以外的原料耗用最小化
14. 矿物质管理
15. 研究与开发
16. 其他自然资源管理活动

附件 3 介绍了本手册和经合组织/欧盟统计局手册中采用的环境货物和服务部门的分类之间的对应关系。

例如附件 2 和第 3 章提供了按照环境领域进行分类的详细情况。

① 伦敦小组，来自国际机构和国家统计机构的一个非正式专家小组目前正在讨论采用资源使用和管理活动的通常分类。CReMA 是该分类的一个子集。见 http://unstats.un.org/unsd/envaccounting/londongroup/

附件 1　货物/服务/技术、一般政府和主要/次要/辅助活动的详细情况

货物、服务和技术

货物是指用于满足所存在需求的物理对象，可以确立所有权，并且所有权可以通过市场交易从一个机构单位转移到另一个机构单位。

服务是根据订单而产生，并且不能脱离生产而单独进行交易。服务是不能确立所有权的单独实体。服务都是异质输出，并且通常包含了在消费者需求时通过生产商的活动实现消费单位的条件变化。在服务生产完成时，它们必须已提供给消费者。如果一个单位可以创造一种服务，这种服务也可以用于自身消费[①]。

从广义来说，技术是指关于生产货物和服务的方式和方法的专有技术。它包括组织方式以及实际技术。经合组织对技术给出了如下定义：技术是指将资源向输出转化的与方法有关的知识状态。技术创新包括新产品和新工艺以及对货物和工艺的重大技术改进。如果一项创新已经引入市场(产品创新)，则表明该创新已经实现[②]。

一般政府与企业

为了确定生产商是否属于一般政府或其他行业，可以应用三个主要的分类依据，即可能的自主决定权、所有权类型(私人或公共)和输出类型(市场或非市场)。该分类通常在国民账户内完成。

如果一个单位在其主要职能方面具有自主决定权，此时它对其所做出的决定和行动负有责任[③]。

另一个依据则与资产所有权有关，即一个公共实体是由政府通过公有制(超过50%的股份)或特别立法来控制，不管它们是否产生市场或非市场的产品或服务，也不管它们是否有自主决定权。

---

① 然而，作为该规则的一个例外情况，有一群行业一般也被划分为服务行业，这些行业的部分输出具有产品特点。这些行业与供应、存储、通信和信息传播、建议和最广义上的娱乐有关。这些行业中可以确定所有权的产品，根据提供这些输出所采用的媒介，可以划分为货物或服务。

② 经合组织生产力手册：产业层面生产率增长和总生产率增长的衡量指南，经合组织，巴黎，2001 年 3 月，附件 1 - 术语表。经合组织弗拉斯卡蒂手册第五版，1993，附件 2，第 29 段，第 116 页。

③ 1993 年 3 月 15 日的理事会条例(EEC)号：696/93，欧共体生产系统的观察和分析统计单位。OJ L 76, 30.3.1993, p. 1-11。

环境货物和服务对于一般政府或其他行业的属性还取决于它们是否适销。用于评估市场输出占总输出比例的标准就是生产成本占产品销售价格的比例。根据欧洲国民经济账户体系 1995(ESA1995)[①]，如果该百分比大于或等于 50%，该活动即可被视为市场活动(这通常被称作 50%规则)。

一般来说，与公共机构有关的生产商属于非市场生产商。然而，公共生产商也可以将产生市场服务作为其主要活动。在有些国家，尤其是污水和废弃物管理服务，市政部门没有任何自主权来决定是否生产以及通过销售来回收生产成本。

在环境货物和服务部门中的一般政府定义不包括政府拥有和控制的市场单位，即国有企业，例如垃圾和污水处理服务。这类单位被划分为企业部门。

辅助活动与主要活动和次要活动

环境货物和服务部门的定义所考虑的业务是指国民账户意义上的生产性活动。

这类活动结合例如设备、劳动力、生产技术、信息网络或产品等资源，以输出技术和产品。该活动的特点是投入产品(产品或服务)、生产流程和产出产品(产品或服务)[②]。

在国民经济核算体系(SNA)93 中界定了三类活动：主要活动、次要活动和辅助活动。主要活动和次要活动通常在大量的辅助活动支持下才能得以开展，例如会计、运输、储存、采购、促销、修理和维护等。保留在相同单位内，用于资本形式之外的生产过程称为辅助活动。因此，辅助活动是指通过为某个实体提供非耐用产品或服务，专为支持一个实体的主要生产性业务的过程。

辅助活动的处理完全不同于次要活动。辅助活动是内部服务或综合服务，它们不能单独销售。在环境货物和服务部门中，这类业务是指垃圾和污水现场处理这类环境管理活动。辅助活动不可能被视为一个单独的统计单位。由这类业务产生的就业通常在主要活动项下报告。

根据统计单位的条例[③]，如果一项活动满足以下各项条件，必须被视为辅助活动：

- 它只能内部使用：换句话说，所生产的产品或服务不得在市场上销售；
- 类似规模的一个可比活动是在类似生产单位内完成；

---

① 欧洲国民经济账户体系，1995: http://forum.europa.eu.int/irc/dsis/nfaccount/info/data/ESA95 /esa95-new.htm

② 第 1.1 版 NACE，欧洲共同体经济活动统计分类，概况，欧盟统计局，1996 年 5 月，第 14~15 页，1993 年 3 月 15 日理事会条例(EEC)号：696/93,第 IV B1 和 B4 节，欧共体和欧盟统计局生产系统的观察和分析统计单位。

③ 1993 年 3 月 15 日理事会条例(EEC)号：696/93,第 IV B1 和 B4 节，欧共体生产系统的观察和分析统计单位。

· 它可以生产服务，或在特殊情况下生产出非耐用品，该非耐用品不是来自单位的最终产品(例如小工具或脚手架)；

· 它有助于单位的本期成本，即不会形成固定资本形成总额。

应该注意的是，根据上述定义，以下活动不能被视为辅助活动：

· 构成固定资本形成的组成部分的产品或所开展的工程，特别是自身账户内的施工工程，这是符合 NACE 第 2 版中所采用的方法，如果数据可用的话，开展自身账户内的施工工程的单位应该归类为建筑行业；

· 一些重要的部分用于商业销售，即使大部分是作为主要活动或次要活动的中间消耗；

· 产品生产活动，该产品随后成为主要活动或次要活动整体输出不可分割的一部分，例如由企业某个部门生产的用于产品包装的箱盒、容器等(生产回收产品的二次原材料)；

· 能源生产(综合电站或综合焦化厂)，即使该能源全部消耗在上级企业的主要活动或次要活动中；

· 购买产品，在不改变状态的情况下用于转售；

· 研究和开展活动。这类活动并不普遍，也不会产生可用于当前生产的服务。

通过以下示例可以说明辅助活动、主要活动和次要活动之间的区别：

· 单位使用的小工具生产属于辅助活动；

· 自营业务运输通常都是辅助活动；

· 销售自己生产的产品是辅助活动，在一般情况下，不可能只生产不销售。然而，如果一个生产企业能够确定零售点(直接销售给终端用户)，例如在例外情况下或为了某些分析时，一个地方企业的销售点可以视为一种业务单位。那么，该考察单位就构成了双重分类，即按照其在企业内开展活动(主要或次要)业务划分，以及根据其活动(零售)进行划分。

如果辅助活动基本上是由两个或更多业务单位开展，这类辅助活动的成本必须在所有的业务单位内分摊。如果可以获得成本分配给每一种不同活动的比例数据，那么该成本应该进行相应分解。但是，如果没有获得这类信息，辅助活动成本应该按比例分解到主要活动和次要活动的产值上，减去已扣除辅助活动本身的中间成本。如果实践表明该方法难以实施，辅助活动的成本可以简单地按比例分解到价值中。

现实中还可能存在：一项活动开始作为辅助，但随后，开始为其他实体销售提供服务。这类活动可以确定该辅助活动的一个终止点，因此，必须视为该实体的主要活动或次要活动中的一部分。确定给定活动是否应视为辅助活动、主要活动或次要活动的唯一方式是从整体上评估其在企业中的作用。

注：根据NACE第2版的入门指南，(再生能源)汽车的生产不应计入辅助活动。因为再生能源汽车的生产在某些工业领域(主要是在食品工业和造纸行业)是用于资源管理的最重要活动之一，所以，在环境货物和服务部门标准表格中，该行业应该被记录为辅助活动。

为了进行环境货物和服务部门的统计，辅助活动是指1993年3月15日理事会条例(EEC)号：696/93 第IV B1和B4节：欧共体生产系统的观察和分析统计单位和NACE第2版的入门指南中所界定的活动以及再生能源汽车生产活动。

附件 2　环境技术和货物分类的详细情况和环境领域的示例

本附件提供了 CEPA 2000 和 CReMA 2008 分类的详细定义。以下方框中按照各类别的 CEPA 和 CReMA 的输出和建议提供了一些示例。

环境保护分组：CEPA 2000

CEPA 是联合国(UN)和欧洲的统计人员和会计人员于 1994 年共同采用的分类，并于 2000 年更换为新修订版本(CEPA 2000)。CEPA 2000 是一个用于环境保护活动的通用的、多用途和功能性的分类标准。它不仅可以用于分类活动，还可以用于产品、实际支出和其他交易的分类。这些活动通常根据所保护的环境领域(空气、废弃物、自然保护等)进行分类，然后再根据措施类型(预防、治理、控制或测量等)进行分类。CEPA 2000 建立了一个分类矩阵，可交叉区分各类环境保护活动以及各类环境领域(即各种污染和环境退化)。

1　环境空气和气候保护

除了旨在控制温室气体排放和对平流层臭氧层造成不利影响的气体排放的措施和活动以外，环境空气和气候保护包括旨在减少环境空气中的排放量或减少环境空气中污染物浓度的措施和活动。标准表格要求填写用于气候和臭氧层保护的环境空气和气候保护部分。

示例：

专项环保服务：包括以下任何活动，包括设计、管理各种系统，或提供其他服务用于治理和/或去除固定排放源(电力燃料燃烧、工业锅炉和流程等)和移动排放源(机动车辆等)排放的气体和颗粒物，车辆废气的测量服务以及加热系统废气的测量服务。这些活动涉及排放监测、评估/评价/规划、监管、行政管理、培训、信息和关于空气排放的教育等。

单用途环境服务：用于空气污染控制的设备/设施安装与维护。

单用途环境产品：用于空气污染控制设施和设备的装置或特殊材料的生产。一般来说，适用于交通工具的所有措施(例如卡车、公共汽车和飞机)都应该属于该类别产品。

末端处理技术：包括作为排放监测设备、空气处理设备、除尘器、分离器、滤尘器、过滤器、催化转换器、化学治理和恢复系统、专业堆存、焚化炉、洗涤器、旋风分离器、离心机、冷却器和治理工艺气体的冷凝器、气味控制设备、用于工艺气体加热和催化燃烧的设备、用于空气污染控制的设施和设备(例如废气和通风空气的治理设施)。

综合技术：包括能够产生更少量、需要处理或释放到大气中的废气的设备或部分设备。这类技术是指通过旨在减少生产、储存或运输过程中产生的空气污染物，可全部或部分取代现有的生产工艺的新技术。这类技术包括燃料燃烧设备改进(如流化床)，可通过提高设备气密性来防止溢出和泄漏。

改良品：非(或更少)空气污染产品，例如脱硫柴油、降低空气污染的交通设施(低排放电动车)、CFC的替代品。

建议:

该类别不包括与保护自然资源有关的预防温室气体排放或使其排放量最小化的活动(例如可再生能源、节能设备)，这类活动包含在资源管理分组中(能源管理)。

旨在应对气候变化的活动应该单独记录入CEPA 1 活动的其余部分。CEPA的子类适用于这个操作。与保护气候和臭氧层有关的CEPA子类包括：CEPA 1.1.2(用于保护气候和臭氧层的改进工艺预防污染)、1.2.2(用于保护气候和臭氧层的废气和通风空气治理)、第1.3部分(用于保护气候和臭氧层的测量、控制、实验室等)以及第1.4部分(与保护气候和臭氧层有关的其他活动)。

2 废水治理

废水是指由于所存在的质量、数量或时间，对于曾经的用途而言没有进一步的直接使用价值，或者在其产生后不再需要的水。

废水治理包括旨在通过减少释放进入内陆地表水和海水的废水来防止地表水污染的活动和措施。它包括废水的收集和处理、监测与监管活动。化粪池[①]和冷却水系统[②]也包括在内。

① 化粪池是一种沉降槽，通过该沉降槽，污水流和悬浮物成为污泥。有机物(在水和废水中)通过厌氧细菌和其他微生物得到部分分解。

② 冷却水处理是指用于处理冷却水，使之满足适用的环境标准后再排放到环境中的过程。冷却水用来去除热量。

废水的机械处理是指采用物理性质和机械性质产生倾倒废水和分离污泥的过程。机械过程还用于结合和/或联系生物装置和先进装置进行操作。机械处理至少应该包括沉积、浮选等流程，旨在通过使用筛分(大颗粒固体)或通过沉积，最终通过化学物质或浮选过程(消除砂、石油、部分污泥等)，分离出悬浮物料。

废水生物处理是指采用有氧或厌氧微生物，产生倾倒废水和包含微生物质与污染物的分离污泥的过程。生物处理过程中也可以结合和/或联系机械装置和先进工艺装置共同使用。生物处理旨在通过活性污泥技术采用细菌或对特定浓度的废水厌氧处理，消除可氧化物质中的污染物。生物降解材料是把富含细菌的污泥加入开启或关闭的槽体中进行处理。

先进工艺的废水处理是指能够减少废水中通过其他治理方案不能减少的特定成分的过程。这类处理涵盖了未能划分为机械或生物的所有装置操作。先进处理工艺可以结合和/或联系机械装置和生物装置共同使用。该活动旨在通过使用强大的生物或物理及化学作用，来消除高浓度的可氧化的但不可被生物降解的物质以及金属、硝酸盐、磷类物质等。各种污染脱除活动都需要特种设备。

示例:

专项环保服务：例如能够使废水调整到符合现行环境标准或其他质量规范的服务，以及设计、运行各种系统或提供其他服务用于污水处理、废水回用和水处理，或用于废水和冷却水的收集、处理和运输的所有活动。专项环保服务还包括污水管网的操作，即从一个或多个用户收集与运输废水，并且通过排水管网、收集器、槽体和其他运输方式(污水车辆等)收集与运输雨水以及所有废水治理的其他服务。包括针对废水的监管、行政管理、日常管理、培训、信息和教育活动。

单用途环境服务：化粪池污泥的收集、化粪池的保养和维修服务。

单用途环境产品：包括用于监测和控制废水中的污染物浓度、废水排放位置的内陆地表水和海洋水质 (污染物的分析和测量等)的设备，以及用于收集、处理和运输废水和冷却水的设备或特殊资料。这类设备包括大颗粒固体的筛分装置、生物装置以及用于过滤、絮凝、沉淀的设备、油与烃类物质。

分离器：采用惯性或重力的分离器，包括液压式和离心式旋风分离器、隔板浮标、用于凝聚及絮凝及沉淀的化学物质、折点氯化装置、剥离设备、混合媒体过滤、微筛选、选择性离子交换装置、活性炭、反渗透装置、超滤器、电解浮选、化粪池生物催化剂、冷却塔、用于处理工作现场水和蒸汽冷凝水的冷却回路、设备改善冷却水的排放分布(它们需要在一定程度上减少污染，而不是减少水的用量，它们存在不同程度的技术需求)等。这类设备包括管道、泵、阀门、曝气设备、重力沉降设备、油分离器、沉积池、中和池、输送和处理污泥

的设备、化学治理和回收设备、生物回收系统、油/水分离系统、筛分/过滤器、污水处理设备、水质污染控制设备、废水回用设备和其他废水处理系统。还包括用于污水处理厂的废水产生点或废水排入表面水的排放点的收集器、管道、沟渠和疏散任何废水(雨水、生活污水和其他废水)的泵。化粪池和用于化粪池的其他产品也属于这类设备。

末端处理技术：例如污水管网系统和污水处理厂。

改良品：非(或更少)水污染类产品，例如生物可降解的肥皂和洗涤剂。

综合技术：包括可减少需要处理或排放到环境中的废水的设备或部分设备。这些技术是指通过旨在减少生产过程中产生的水污染物和废水量，可全部或部分取代现有生产工艺的新技术。这类技术包括管网分离、用于生产过程的水治理和重新利用等技术。

建议:

该类别不包括旨在防止污染物渗入地下水以及在发生污染后清理水体的活动，这类活动都包含在CEPA 4内。水体修复活动包含在CEPA 6 中，可在一定程度上节水的再循环系统包含在CReMA 10内。

环境货物和服务部门不包括水的分布、收集和净化，而水的淡化包含在CReMA 10中。

3 废物治理

废物治理是指旨在防止废物产生，并减少其对环境危害的活动和措施。它包括废物的收集和处理，包括监测和监管活动，还包括回收利用和堆肥、低放射性废物的收集和处理、街道清扫以及公共垃圾收集活动。

废物是指不属于主要产品(即为销售而制造的产品)的物质，生产商没有进一步将其用于自己的生产、转换或消费的目的以及希望的处理方式。在原料开采、把原材料加工成中间产品和最终产品、最终产品的消费和其他人类活动过程中都可能产生废物。在产生地点回收利用或重新使用的残余物不属于废物。直接排入环境空气或水中的废料也不属于废物。

危险废物是指由于其具有立法者所定义的毒性、传染性、放射性、可燃性或其他特征，对人类健康或有机体构成了实际或潜在的实质性危害。根据这一定义，各国的“危险废物”都包括依照该国实践，被认为具有危险的所有材料和产品。

低放射性废物属于废物类别，而其他放射性废物不包括在内(参照 CEPA 7)。

低放射性废物是指由于其含有低放射性核素，在正常处理和运输中不需要进行屏蔽的废物。

废物处理是指旨在改变废物的物理、化学、生物特性或组成，使其成为中性状态，从而运输时无危害、更安全，并能够进行回收或存储，或减少废物量的所有过程。特定类型的废物可以采取一种以上的处理过程。废物处理包括物理/化学处理①、热处理②、生物处理、废物调节等过程以及其他相关的处理方法。

废物处置是根据卫生、环境和安全要求，将废物在地表或地下以受控或不受控制的方式进行最终堆存。处置废物包括垃圾填埋③、封存④、地下处置⑤、海上倾倒和其他相关的所有处理方法。

示例:

专项环保服务：包括设计、运行各种系统或提供其他服务用于危险和无害废物的处理和分离、分类、治疗、处置、管理、存储和恢复的所有活动。这类服务包括通过市政服务或类似机构或公共或私人企业进行的废物收集和运输以及向处置地点进行运输的活动。还包括废物分类收集和运输，以便促进危险废物的回收利用和收集、运输。清扫街道也包含在该服务类别内，部分内容参考公共垃圾以及从街道收集的垃圾。该类别服务不包括冬季服务。该类服务包括回收利用(包括废物和废料的收集、分类、包装、清洁)。低放射性核废料的处理服务也属于该类别的服务内。它包括针对废物的行政管理、日常管理、培训、信息和教育活动。

单用途环境服务：废物治理设施的安装。

单用途环境产品：包括旨在控制和测定废物的生成和存储及其毒性的设备。用于危险废物和无害废物的收集、处理、运输以及处理和恢复的设备或特殊材料。该类别产品包括压缩机、容器、废物储存设备、废物收集设备、废物处理设备、废物装卸设备、废物分类和排序设备、回收设备(如回转窑、液体喷射器、焚烧炉炉篦、多室式焚化炉、流化床焚化炉等)。垃圾袋、垃圾桶、垃圾容器、堆肥容器也属于该类别产品。单用途环境产品还包括用于治理低放射性核废物的设备或特殊材料。

末端处理技术：用于废物治理的设施，例如废物治理、存储和处理设施(如

① 危险废物的物理处理方式包括各种物相分离和固化方法，从而将危险废物固定在一种惰性、不透水的基质中。相分离包含广泛采用的浅池技术、床体污泥干燥、在槽体内长期存储、空气浮选和各种过滤和离心技术、吸附/解吸、真空、萃取和共沸蒸馏。将废物转化为不溶性、硬质材料的固化或固定流程通常用于掩埋处理前的预处理。这些技术是将废物与各种反应物或与有机聚合物混合进行反应，或将废物与有机黏结剂进行搅拌。化学处理方法用于影响废物完全分解转化为无毒气体，以及在通常的情况下改变废物的化学性质，例如降低废物的水溶性或中和酸性或碱性。

② 废物的热处理或焚烧方式指采用气态、液态或固态废物的高温氧化，将其转化为气体和不可燃固体残渣的所有过程。烟气排放到大气中(包括具有或不具有热量回收和清洗装置)，所产生的所有废渣和飞灰在垃圾填埋场进行堆存。垃圾焚烧的残渣可以视为危险废物。由此产生的热能可以用于或不用于生产蒸汽、热水或电能。

③ 垃圾填埋是指废物以符合特定的地质和技术标准，采用一种受控方式在地面或地下进行的最终处置方式。

④ 封存是指将有害物质以有效地防止扩散到环境中或以可接受的水平进行释放的方式进行保存。封存可以发生于专门建造的密闭空间中。

⑤ 地下处置包括将危险废物以符合特定地质和技术标准的方式在地下进行的临时存储或最终处置。

垃圾填埋、焚烧炉等)、危险治理废物设施或回收利用设施。

改良品：包括可减少废物或危险废物产生的新产品。所有旨在减少废物或减少有害废物产生的产品，例如可降解塑料袋和更易于回收的末端治理产品(如包装、汽车、电器和电子设备等)。

综合技术：包括使废物产生最小化的设备。综合技术包括采用新工艺取代现有生产工艺的回收利用工艺和技术，旨在减少生产过程中所产生的废物量及毒性，包括分离和再加工。

建议:

该类别不包括治理高放射性核废物的活动和措施(参见CEPA 7)，不包括采用废物或废料制造新材料或产品和材料或产品的随后使用(参见资源管理分组中的矿物质管理(CReMA 14)以及天然森林管理(CReMA 11)再生纸的生产)。

CEPA 3中包括的回收利用活动是指从废物流中分离和分拣材料。如果需要一项机械或化学工艺把废料加工成能够成为适合用作新材料的形式，回收利用活动应该归于CReMA 类别。因此，环境保护活动类别不包括采用废物和废料生产二次原材料或产品的活动。二次原材料(以及从二次原材料生产出来的产品)被视为旨在节约原材料(CReMA 14)、石油资源(CReMA 13c)和森林资源(CReMA 11b)的资源管理产品。图A2.1描述了回收利用活动的分类。

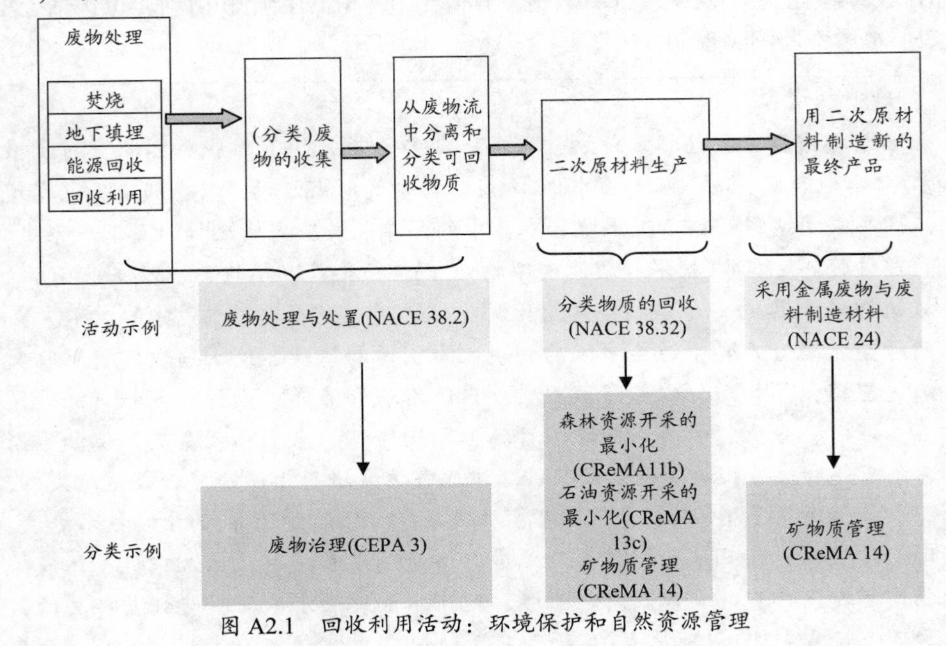

图 A2.1　回收利用活动：环境保护和自然资源管理

至于废物焚化，根据国际能源机构的定义，如果其主要目的是废物的热处理，那么它应该包含在CEPA 3内。只有当废物为生物可降解以及废物焚烧的主要目的是能量回收时，它才包含在CReMA 13a再生能源生产中。图A2.2显示了焚烧活动的分类。

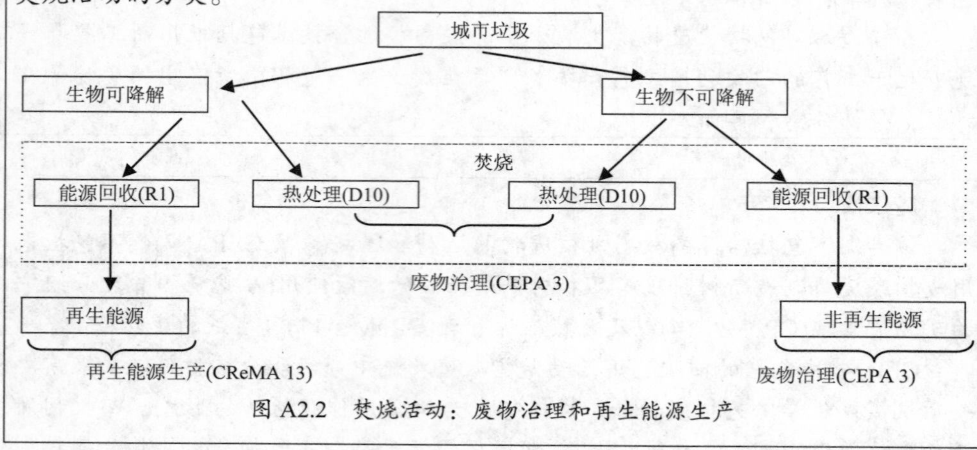

图A2.2　焚烧活动：废物治理和再生能源生产

4　土壤、地下水和地表水的保护与恢复

土壤、地下水和地表水的保护与恢复是指旨在防止污染物渗透、土壤和水体清洁以及保护土壤不发生侵蚀、其他物理降解和盐化的措施和活动。也包括土壤和地下水污染监测、控制。

示例：

专项环保服务：包括设计和管理各种体系，或提供其他服务以减少对土壤和水(包括地表水、地下水和海水)中污染物数量的所有活动。该类别服务包括现场清理或采用适当设施清理土壤和水体中的污染物，应急响应和泄漏清理系统，水处理设施的运行(包括水和疏浚残留物处理)，污染产品运输，以及工业场所、垃圾填埋场和其他交通事故多发路段的土壤消毒，水体(河流、湖泊、河口等)中的污染物疏浚，发生污染事故后的地表水去污和清理，例如通过污染物收集或通过应用化学物质，以及清理土壤、内陆水域和海洋表面——包括沿海地区的石油泄漏、分离、封存和回收堆存物，取出掩埋的木桶和容器、倾倒和重新储存、废气和废液排放管网的安装、通过脱气方式进行土壤洗涤、泵送污染物、清除和处理污染土壤、能够干预而不影响现场(使用酶、细菌等)的生物技术方法、物理化学技术，例如采用超临界流体进行渗透蒸发和提取，注入中性气体或碱性物质遏制内部发酵，以及针对土壤、地下水和地表水的保护与恢复相关的行政管理、日常管理、培训、信息和教育活动等。

单用途环境服务：包括与工厂土壤密封有关的服务、加强存储设施、通过长期植被恢复计划降低地下水位(当地下水含有高浓度的盐分)、改变灌溉实践等。

单用途环境产品：包括用于减少对土壤和水(包括地表水、地下水和海水)中污染物数量的设备或特殊材料。该类别产品包括吸附剂、用于清理的化学品和生物修复剂、压实工具、包壳机、防腐墙等。

末端处理技术：包括用于恢复和清理土壤，地表水和地下水的设施、控制和测量土壤、地下水和地表水的质量和污染程度的设备，测量土壤侵蚀程度和盐化的设备，以及现场或适当设备的清理系统，用于污染物径流和泄漏的排水设备等。

改良品：有机农业产品。

综合技术：包括能够预防土壤污染(例如有机农业)，预防污染物渗入地下水或流入地表水的设备或实践以及旨在保护土壤不受侵蚀和其他物理降解的设备和实践。

建议:

该类别不包括污水管理活动(包括在CEPA 2中)以及旨在保护生物多样性和景观(包括在CEPA 6中)的活动。另外，还不包括向湖泊撒石灰、对水体进行人工氧化处理(参见CEPA 6)以及民事保护服务。

由于经济原因，例如农业生产、保护定居点免受自然灾害(滑坡或从海上复垦土地)，而开展的活动并不包括在环境货物和服务部门范围内。

5 减噪防振(不包括工作场所的保护)

减噪防振是指旨在控制、减少和减轻工业和交通噪声和振动的措施和活动。除了减轻公众经常聚集场所(如游泳池、学校等)的噪声活动以外，还应该包括减轻环境噪声(例如舞厅隔音等)的活动。

示例:

专项环保服务：包括当交通管理与噪声控制目的(例如降低限速、改善交通流量)可以分开时，为嘈杂的交通工具规定时间和地域限制、交通绕行远离居民区、创建行人区、建立无施工缓冲区、模态分离重组、促进安静驾驶行为的管理措施等。还包括噪声和振动的评估和监测、设计、声学和隔音屏的管理或其他服务，街道封闭、封闭部分的城市高速公路或铁路、建筑物隔音等。还包括针对噪声/振动的行政管理、日常管理、培训、信息和教育活动。

单用途环境服务：包括用于减噪防振的设施安装和管理(例如道路隔音屏障、

隔音屏、堤坝或树篱)。

单用途环境产品：包括消声器/消音器、吸音材料、噪声控制设备和系统、振动控制设备和系统、道路隔音屏障、设备和管道覆盖和隔音的附加设施、燃料调节系统以及吸声、噪声屏、隔音屏障、噪声防护窗等。

末端处理技术：包括道路隔音屏障、噪声屏、堤坝或树篱。因此，这类技术涵盖从施工企业生产的隔音屏障到工程和工业控制的企业生产的噪声和振动控制设备。

改良品：包括低噪声车辆和电器、吸音沥青。为降低车辆(在铁路、飞机和船舶运输的情况下的公共汽车、卡车、火车和动力装置)噪声的改良品。

综合技术：包括旨在防止噪声和振动的以下各种技术，包括工业设备、车辆引擎、飞机和船舶引擎、排气系统和刹车、或由于轮胎/路面或车轮/轨道接触的噪声水平、设备改进、为吸收振动而特别设计的设备基础、为降低噪声和振动而专门设计或建造的设备和机器、低噪声水平火焰和燃烧器等。

建议:

为了保护工作场所而降低噪声和振动不包括在环境货物和服务部门的范围内。

6 生物多样性和自然景观保护

除了保护和恢复自然和半自然景观之外，生物多样性和景观保护还包括旨在保护和恢复动植物物种、生态系统和栖息地的措施和活动。维护或建立一定的景观类型、生物栖地、生态区域以及相关事宜(重建“自然走廊”的树篱、植树带)都与生物多样性保护有清晰的联系。

示例:

专项环保服务：是指旨在保护自然和半自然景观以维护和提高其审美价值和在生物多样性保护中的作用的服务，包括保存合法保护自然对象、保存遗传基因、为保护景观而防范森林火灾等。旨在保护、重新引进或恢复动植物物种，除了重建、恢复和重塑受损的栖息地目的之外，增强其自然功能的服务，包括废弃矿山和采石场的恢复、河岸归化、埋设电力线路、由于传统的农业实践受到主流经济条件威胁而进行的景观维护、重新开拓被破坏的生态系统、为保护特殊动植物物种而禁止其开发和贸易等；还包括基因储备或基因库的普查、盘点，数据库以及线性基础设施的创建、改进(例如在公路或铁路设施中，用于动物通过的地下通道或桥梁等)，幼崽喂养，特殊自然保护区管理(地区植物保护区等)；还包括控制动植物物种以保持自然平衡，包括重新引进食肉动物物种、控

制威胁到原生动植物和栖息地的外来动植物物种。主要服务包括保护区的管理与开发，无论它们采用何种名称，都是指被保护的地区，以制止经济开发，或者通过限制性法规约束经济开发活动，明确目标是要保存和保护栖息地。还包括旨在恢复水体作为水生栖息地(例如人工供氧和石灰中和措施)的服务，包括针对该领域的管理、培训、信息和教育活动。

单用途环境产品：还没有该类别关于单用途环境产品的实例。

末端处理技术：还没有该类别关于末端处理技术的实例。

改良品：还没有该类别关于改良品的实例。

综合技术：还没有该类别关于综合技术的实例。

建议：

环境货物和服务部门不包括保护和恢复历史纪念物或主要组合景观、控制杂草对农业的影响、为经济目的而采取的提高审美价值观的措施(例如为增加房地产价值而再造的景观)。由于经济原因而防范森林火灾的活动也不包括在内(如果涉及相关资源的自然森林，应该包括在CReMA 11自然森林管理中)。休闲建筑和沿路绿色空间的建立与维护(例如高尔夫球场、其他体育设施)也不包括在内。

与城市公园和花园有关的措施通常不包括在内，但是，这些措施可能在某些情况下会涉及生物多样性——在这些情况下，该活动应该包括在CEPA 6中。

7 辐射防护(不包括外部安全性)

辐射防护是指旨在减少或者消除所有放射源发出的辐射所造成的负面影响的活动和措施，包括高放射性废料的装卸、运输和处置，高放射性废料是指由于含有高放射性核素，在正常装卸和运输过程中需要屏蔽的废物。

放射性废物包括含有浓度或放射性水平大于主管部门规定的“最大允许量”的放射性核素，或被其污染的、并且没有可预见用途的任何物质。放射性废物是由核电厂及相关的核燃料循环设施通过使用放射性物质所产生的，例如医院和研究机构使用的放射性核素。其他的重要废物来自铀矿开采和加工以及乏燃料的再处理。

示例:

专项环保服务：包括高放射性废物的收集[①]、运输[①]、调节[②]、封存[③]或地下处置[④]等服务，包括建立缓冲区以及针对该领域的管理、培训、信息和教育活动。

单用途环境服务：包括特殊设备和仪表的安装(见以下单用途环境产品)。

单用途环境产品：旨在测量、控制和监测环境放射性、高放射性废料的放射性以及屏蔽装置等特殊设备和仪表。

末端处理技术：包括用于封存和处置的高放射性废料的设施。

改良品：还没有该类别关于改良品的实例。

综合技术：还没有该类别关于综合技术的实例。

建议:

除了在工作场所采取的保护措施以外，预防技术危害相关(例如核电站和军事设施的外部安全性)的活动和措施不包括在该类别范围内。也不包括低放射性废物的收集和处理有关的活动(参见CEPA 3)。

8 研究与开发

研究与开发(R&D)包括系统开展的创造性工作，以增加知识储备，并运用这些知识来设计在环境保护领域内的新应用(参照经合组织 1994，弗拉斯卡蒂手册)。

针对环境保护的所有研发活动进行重新分类：识别和分析污染源以及在对人类、物种和生物圈的影响之外污染物在环境中的扩散机制。它涵盖了预防和消除所有污染的研发活动以及针对污染物测量和分析的设备和仪表研发活动。在能够明确区分的情况下，所有的研发活动都必须归为该类别，即使涉及特殊环境领域。

示例:

专项环保服务：包括环境类的研发活动。

单用途环境服务：还没有该类别关于单用途环境服务的实例。

单用途环境产品：还没有该类别关于单用途环境产品的实例。

末端处理技术：还没有该类别关于末端处理技术的实例。

改良品：还没有该类别关于改良品的实例。

综合技术：还没有该类别关于综合技术的实例。

---

① 高放射性废料的收集和运输包括通常由专业企业进行收集，然后运输到治理、调节存储和处理的地点。

② 高放射性废料的调节包括将高放射性废料改变为适合于运输和/或存储和/或处理条件的活动。

③ 高放射性废料的封存是指采用可有效防止扩散到环境中，或者以可接受的水平进行释放的方式对放射性废物进行保存。封存可以在专门建造的密闭空间内进行。

④ 高放射性废料地下处置是指采用符合特定地质和技术标准的方式，将高放射性废料临时或最终处置于地下。

9　其他环境保护活动

其他环境保护活动是指采取通常环境管理形式的所有环境保护活动以及治理活动或培训或专门针对环境保护的教学活动，或包括公共信息以及在CEPA中没有划分为其他类别的活动，除了未划分为其他类别的活动以外，它还包括导致不可分类的各种活动。

一般教育体系内的活动不包括在环境货物和服务部门的范围内。

> 示例：
>
> ***专项环保服务：***包括用于环境监测、分析和评估的设施施工和安装；多学科环境承包、咨询、审计和工程服务(包括调查环境项目可行性、设计和管理的所有活动、工程设计和说明书、生物和生态系统研究、环境影响评价、环境规划、实验室和现场服务、环境经济学、法律服务/环境法律、环境认证流程(ISO 14000，EMAS)、监测站点、单独和联网运行以及涉及一个或多个环境介质、测量和监测、取样、工艺和控制、数据采集、管理和分析等)等；还包括环境的监管或管理以及在环境保护活动背景下的决策支持、环境监管和分析、一般环境教育或培训和传播环境信息。
>
> ***单用途环境产品：***包括用于取样、测量和及时记录、分析和评估环境介质的不同特征的设备或特殊材料。
>
> ***单用途环境服务：***还没有该类别关于单用途环境服务的实例。
>
> ***末端处理技术：***还没有该类别关于末端处理技术的实例。
>
> ***改良品：***还没有该类别关于改良品的实例。
>
> ***综合技术：***还没有该类别关于综合技术的实例。

资源管理分组：CReMA 2008

本手册采用的资源管理活动分类(CReMA)是意大利统计局的资源使用和管理活动分类(CRUMA)的修订和改编版本①。为了保持数据具有一定程度的一致性，该分类在处理资源管理活动的分类，参照了SERIEE的最新进展。该分类致力于描述用于管理和保护自然资源的存量，以防止发生枯竭(定量角度)的生产技术、货物和服务。

该分类的编制与SERIEE框架和CEPA的结构和分类原则保持了一致。因此，自然资源管理活动分类采用类似的方式进行内容组织，以一个类似的分类矩阵开始，对旨在管理自然资源和各种环境领域的各种活动进行了交叉分类。

---

① Ardi和Falcitelli (2007)，资源使用和管理活动分类(CRUMA)与支出，意大利统计局，罗马。

根据 SERIEE 指南，该矩阵对旨在管理自然资源和各种环境领域的各种活动进行了交叉分类。然后通过确定各个分类矩阵单元中潜在的资源管理活动可推导出一个 CReMA 类别清单。这些类别可以通过 CEPA 进行补充，但是不会与 CEPA 的分类发生任何重叠。

10　水体管理

水体管理包括旨在通过工艺改进以及减少用水损失和泄漏使内陆水体的取水量最小化，或通过取代水源减少取水量的所有活动，以及水回用和节水设施、喷头和水龙头的安装和建设等；还包括水体修复活动。

> 示例:
>
> ***专项环保服务：***包括补给地下水体以增加/恢复水存量(不改善水质量或降低盐度，见CEPA 4.4)；土地改良、增加植被以增加渗入水和补给地下水体(不是用于保护土壤防止侵蚀，见CEPA 4.3)。还包括关于测量、控制、实验室及类似的活动和产品，以及针对内陆水域和节水管理的教育、培训、信息和一般管理活动。
>
> ***单用途环境产品：***雨水储罐。
>
> ***改良品：***包括水龙头过滤器、冲洗厕所的差分系统、比同类产品平均用水量更少的洗衣机和洗碗机、干式厕所、海水淡化。
>
> ***末端处理技术：***水体修复、测量和监测设备。
>
> ***综合技术：***包括通过减少生产过程的用水量有关的工艺改进减少取水量的技术：闭路冷却系统、滴灌系统、淡化海水设备等。

> 建议:
>
> 水的分布、收集和净化是不属于环境货物和服务部门。

11　森林资源管理

森林资源管理只针对部分林地。根据 SERIEE 规定，只有非生产性自然资产、以产品的形式进行使用对应的那些自然资源，才在自然资源使用和管理账户下处理。因此生产性自然资源，即生产性林业资源不包括在该类别内(图 A2.3)。

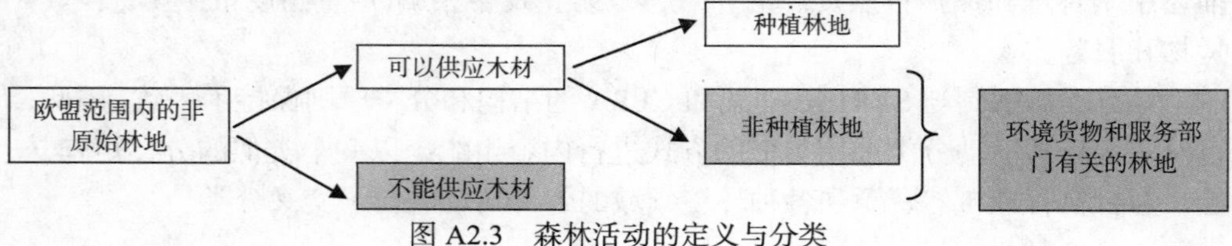

图 A2.3　森林活动的定义与分类

森林和其他林地的基本分类取决于林地是否能够提供木材(见 IEEAF[①])。因此，有些林地可以提供木材，而有些林地则不能提供木材。两个类别定义如下(IEEAF § 3.07)。

· 不能提供木材的森林：“是指法律、经济或特殊环境限制条件阻碍其提供大量木材的森林。这类森林包括：(a) 由于法律限制或其他政治决策限制，完全不能供应木材或严重限制了供应木材的森林，尤其是由于环境和生物多样性保护，如保护森林、国家公园、自然保护区和其他保护区域(如由于特殊的环境、科学、历史、文化和精神利益考虑的森林)；(b)除了自然消耗的偶尔砍伐，实际生产力或木材质量太低、采伐和运输成本太高，难以保证木材采伐的森林。

· 可提供木材的森林：“是指所有法律、经济或特殊环境限制条件都没有显著影响木材供应的森林和其他林地。这类森林包括尽管没有类似的限制也没有采伐的区域，例如已包含在长期利用计划或意图的地区”。可提供木材的林地用于木材供应可以进一步划分为种植林地和非种植林地。

该定义意味着划分为非种植森林的不能提供木材的森林和可提供木材的森林都是 SERIEE 中 CReMA 11 所描述的活动对象。

因此，归类为种植森林的可提供木材的森林并不属于环境货物和服务部门中所涵盖的自然资源范围。这也意味着有保证的(可持续)林地不能视为改良品，因为它来自种植森林，或由种植森林的主要产品替代，即属于不包括在环境货物和服务部门范围内的生产性自然资源。

森林资源管理可以进一步分为森林地区管理和森林资源采伐量最小化。

11A 森林地区管理：该类别的重点在于非种植森林和不能提供木材的森林以及森林的所有维护和管理活动。包括恢复活动(重新造林和造林)以及森林火灾的预防和控制。还包括关于测量、控制、实验室及类似活动和产品以及与非种植森林和不能提供木材的森林管理有关的教育、培训、信息与一般管理活动。

例如，该类别应该包括非种植森林的重新造林，即出于林业和采伐的目的，为了维护提供木材资源的功能而重新造林。所涉及的内容包括非种植森林和不能提供木材的森林，以及旨在维护森林的资源功能的活动。这类活动(重新造林)自身是不足以包括/排除一项活动：它必须与自然资源进行交叉分类，即非种植森林和不能提供木材的森林。

---

① 欧盟统计局和欧盟委员会，(2002),“欧洲森林环境与经济综合核算框架——IEEAF”。

示例:

专项环保服务：包括针对非种植森林管理的恢复活动、教育、培训、信息、敏化和一般管理活动。

单用途环境服务：还没有该类别关于单用途环境服务的实例。

单用途环境产品：用于恢复非种植森林的产品。

改良品：还没有该类别关于改良品的实例。

末端处理技术：用于森林植被恢复的测量和监控设备。

综合技术：应用于非种植森林的已证实的管理体系。

11B 森林资源采伐最小化：活动旨在通过工艺改进以及森林产品及副产品的回收利用、再利用或节约，使森林资源采伐最小化。

示例:

专项环保服务：包括针对减少森林资源采伐量的教育、培训、信息的敏化活动。

单用途环境服务：还没有该类别关于单用途环境服务的实例。

单用途环境产品：还没有该类别关于单用途环境产品的实例。

末端处理技术：还没有该类别关于末端处理技术的实例。

改良品：由回收木材制成的再生纸、产品。

综合技术：纸张和木材的回收利用设备。

12 野生动植物管理

野生动植物管理包括旨在通过工艺改进以及减少交易量和监管措施，使野生动植物的使用量最小化的活动。该类别包括恢复活动(野生动植物存量的补充)以及有关测量、控制、实验室及类似的活动和产品，还包括与野生动植物管理有关的教育、培训和信息及一般管理活动。

其重点在于“野生”动植物以及野生动植物维护和管理有关的所有活动。通常狩猎保护区管理(例如鸟类保护区)是为了维持“野生”动物的存量，甚至为了狩猎。相关内容是指植物和动物都是“野生的”，并且活动主要针对维持野生动植物的“资源功能”(SEEA 概念)。

示例:

专项环保服务：通过实施限额、监管、监测、控制，比如渔业捕捞，来保护存量的一般政府活动，包括重新引进新个体，再放养增加野生动物存量。

单用途环境服务：还没有该类别关于单用途环境服务的实例。

单用途环境产品：还没有该类别关于单用途环境产品的实例。

末端处理技术：用于动植物恢复的测量和监控设备。

单用途环境产品：还没有该类别关于单用途环境产品的实例。

综合技术：还没有该类别关于适应性技术的实例。

建议：

CEPA 6涉及主要是濒危物种的生物多样性的保护。在动植物资源领域(CReMA 12)，相关内容主要是诸如鱼和野生动物的存量。

13　能源管理

能源管理包括旨在通过采用可再生资源进行能源生产、节热/节能，使化石资源耗用量最小化的活动，以及对化石类资源作为能源生产之外的原料消耗量进行管理和使其最小化的活动。

不可再生能源的存量开发、管理和维持(包括勘探和发现新储量)不包括在环境货物和服务部门的范围内。

***13A　再生能源生产*：**包括通过可再生能源的生产减少不可再生能源的开发。本手册中再生能源采用的定义是国际能源署(IEA)采用的定义。

国际能源署(IEA)所采用的“再生能源”定义[①]：国际能源署的可再生能源定义包含以下类别。

- 水电：在水电站，水的势能和动能转换成电能。它包括各种规模的水电站，不管其规模的大小。

- 地热能：地壳内通常以热水或蒸汽的形式释放的热能也可以作为能源。在合适的地点，地热能可以开发转换为电能，或直接为区域供暖、农业等供热。

- 太阳能：太阳照射可以用来生产热水和发电。不考虑用于直接加热、制冷、住宅照明或其他被动式的太阳能用途。

- 风能：风的动能可以通过风车进行发电。

- 潮汐/波浪/海洋能：源于潮汐运动、波浪运动或海流的机械能量，可用来发电。

- 固体生物质：包括可以用作产热或发电燃料的、源于生物的有机非化石物质。

- 木材、木材废料、其他固体废物：包括专门种植的能源作物(杨树、柳树等)、工业过程产生的大量木质材料(尤其是木材/造纸工业)或由林业和农业直接提供的大量木质材料(木柴、木片、树皮、锯末、刨花、小木片、造纸黑液等)以及如稻草、稻壳、花生壳、家禽粪便、碎葡萄渣滓等废物。

- 木炭：包括木头和其他植物材料经过干馏和热解产生的固体残渣。

---

① 资料来源：经合组织/国际能源署(2007)，在全球能源供应中的可再生能源。

- 沼气：主要由生物质厌氧分解产生的甲烷和二氧化碳组成的气体，燃烧后能够产生热量和/或电力。

- 液态生物燃料：生物质转换的液态生物燃料，主要用于运输方面的应用。

- 城市垃圾(可再生能源)：城市废物能源包括住宅、商业和公共服务部门产生的废物，并且可在特定设施内进行焚烧产生热量和/或电力。可再生能源部分由生物可降解物质燃烧的能源值来确定。

- 可燃再生物质和废物(CRW)：有些废物(废物中的非生物降解垃圾部分)不能视为可再生物质。然而，再生能源和非再生物质之间通常无法进行适当的分离。

示例：

专项环保服务：还没有该类别关于专项环保服务的示例。

单用途环境服务：用于再生能源生产的设备安装。

单用途环境产品：包括太阳能电池板、风车、水力发电等设备的组件。

末端处理技术：再生能源的监测设备。

改良品：再生能源。

综合技术：再生能源生产的设备，例如风车、太阳能电池板等。

建议：

通过采用国际能源署的可再生能源定义，CReMA 13A包括以能源回收为目的，燃烧生物质废弃物所产生的能源。然而如果在废物处理设施中，垃圾焚烧的主要目的是废物热处理，那么它应该包含在CEPA 3(参见CEPA 3和图A.2)。

13B 节热/节能和管理：包括旨在通过工艺改进、使热量损失和能量损失最小化以及节省能源，使不可再生能源的消耗最小化的活动；还包括有关测量、控制、实验室及类似的活动和产品以及与管理和节热、节能有关的教育、培训和信息及一般管理活动。

示例：

专项环保服务：包括隔热、生物结构体系、服务等。

单用途环境服务：热电联产设备的安装等。

单用途环境产品：还没有该类别关于单用途环境产品的实例。

末端处理技术：监测热量和能量消耗的设备。

改良品：包括双层玻璃窗户、低能耗建筑、太阳能电池板产生的热量和热泵机组、低能耗设备。

综合技术：包括设备节热/节能，从空气和废水回收利用热量的换热器，用于生产热的热泵、热电联产。

13C 化石资源作为能源生产以外的原料耗用最小化：包括旨在使化石资源作为能源生产以外的原料耗用最小化的活动(例如生产塑料、化工、橡胶)，还包括有关测量、控制、实验室及类似的活动和产品，以及与化石资源用作能源生产以外的投入管理和节约有关的教育、培训和信息及一般管理活动。

> 示例：
> ***专项环保服务：***还没有该类别关于专项环保服务的实例。
> ***单用途环境服务：***还没有该类别关于单用途环境服务的实例。
> ***单用途环境产品：***塑料回收利用设备的组件。
> ***末端处理技术：***还没有该类别关于末端处理技术的实例。
> ***改良品：***生物塑料袋、翻新轮胎、回收塑料材料。
> ***综合技术：***塑料回收利用设备。

14　矿物质管理

矿物质管理包括旨在通过工艺改进、减少废料和回收材料及产品的生产和消费，使矿物质消耗量最小化的活动，还包括关于测量、控制、实验室及类似的活动和产品，以及针对矿物质管理的教育、培训和信息及一般管理活动。

> 示例：
> ***专项环保服务：***还没有该类别关于专项环保服务的实例。
> ***单用途环境服务：***还没有该类别关于单用途环境服务的实例。
> ***单用途环境产品：***还没有该类别关于单用途环境产品的实例。
> ***末端处理技术：***还没有该类别关于末端处理技术的实例。
> ***改良品：***包括回收金属、回收玻璃产品、回收的陶瓷制品。
> ***综合技术：***金属回收炉(电弧炉)、玻璃回收利用设备等。

> 建议：
> 采石场的管理以及矿物储量的开发、管理和维护(包括研究和勘探活动)不包括在环境货物和服务部门的范围内。CReMA 14不包括CEPA 3列举的废物收集、运输和分类。
> CReMA 13A中包含了垃圾焚烧炉的能量生产活动，但不包括再生纸和回收木制品生产，它包含在CReMA 11中。

15　自然资源管理的研发活动

自然资源管理的研发活动包括系统开展的创造性工作，用以增加知识储备，并运用这些知识来设计在自然资源与节约领域内的新应用。

示例:

专项环保服务：包括资源保护的研发活动。

单用途环境服务：还没有该类别关于单用途环境服务的实例。

单用途环境产品：还没有该类别关于单用途环境产品的实例。

末端处理技术：还没有该类别关于末端处理技术的实例。

改良品：还没有该类别关于改良品的实例。

综合技术：还没有该类别关于综合技术的实例。

建议:

不包括主要与环境保护相关的研发活动(见CEPA 8)。

16 其他自然资源管理活动

自然资源管理活动没有划分为上述类别，自然资源管理活动是指涉及两种或更多的自然资源，以及导致与输出不可分割的其他类型活动的一般管理、教育、培训和信息活动。

示例:

专项环保服务：该类别服务包括：资源监测，分析和评估设施的施工和安装，多学科承包、咨询、审计和工程服务(包括任何活动，资源保护项目的可行性调查、设计和管理、工程设计和说明书、研究、损耗评估、实验室和现场服务、法律服务/环境、监测站点、单独和联网运行，并覆盖一种或更多的自然资源、测量和监测、取样、工艺与控制、数据采集、管理和分析等)等；还包括在资源保护背景下的监管或管理、决策支持、关于资源管理的监管和分析、教育或培训和信息传播。

单用途环境产品：包括用于取样、测量和及时记录、分析和评估自然资源的不同特征的设备或特殊材料。

改良品：还没有该类别关于改良品的实例。

末端处理技术：还没有该类别关于末端处理技术的实例。

综合技术：还没有该类别关于综合技术的实例。

建议:

不包括主要与环境保护有关的一般管理、教育、培训和信息活动(见CEPA 9)。

经合组织/欧盟统计局手册与环境货物和服务部门手册中的环境货物和服务部门的环境分类之间的对应关系如表 A2.1 所示。

表 A2.1　经合组织/欧盟统计局手册与环境货物和服务部门手册中的环境货物和服务部门的环境分类之间的对应关系

经合组织/欧盟统计局 1999 \ EGSS 手册	空气污染控制	废水管理	固体废物治理	土壤和水体恢复与清洁	减噪降振	环境研发、监测等	其他	清洁技术和工艺	清洁产品	室内空气污染控制①	供水②	回收材料	再生能源设备	节热/节能与管理	可持续农业和渔业	可持续林业	自然风险管理	生态旅游	其他
CEPA 1 环境空气与气候保护	×							×	×							×		×	
CEPA 2 废水管理		×						×	×									×	
CEPA 3 废物治理			×					×	×									×	
CEPA 4 土壤与地表水保护与恢复				×				×	×						×③	×		×	
CEPA 5 减噪降振					×			×	×										
CEPA 6 生物多样性与景观保护								×	×						×③④	×		×	
CEPA 7 辐射防护							×	×	×										
CEPA 8 研发活动						×	×	×	×										
CEPA 9 其他环境活动								×	×										
CEPA 10 水体管理								×	×		×							×	
CEPA 11A 林区管理								×	×							×			
CEPA 11B 自然森林资源消耗最小化								×	×			×							
CEPA 12 野生动植物管理								×	×						×④				
CEPA 13A 能源管理：再生能源								×	×				×						
CEPA 13B 能源管理：节热/节能								×	×					×				×	
CEPA 13C 化石资源作为能源生产以外的原料耗用最小化								×	×			×							
CEPA 14 矿物质管理								×	×			×							
CEPA 15 研发活动								×	×										×
CEPA 16 其他自然资源管理活动								×	×										×

注：①本手册的环境货物和服务部门未考虑这一部分，因为它主要涉及对人类健康。
②只有使取水量最小化的活动属于环境货物和服务部门。因此水的供应和分配并不包括在环境货物和服务部门中。
③有机农业。
④“可持续”渔业。

经合组织/欧盟统计局的环境货物和服务部门手册 1999

第3章　识别和划分环境货物和服务部门的实际手段和方法

环境货物和服务部门数据可以采用两种主要方法进行检索：需求方和供应方。本手册侧重于后者。供应方方法的特点是识别环境货物和服务的生产商。本章介绍了确定环境货物和服务部门群体的方法和主要的信息来源，以及关于如何根据环境领域进行分类的一些指导。

3.1　群体识别

环境货物和服务部门没有标准的统计分类方法

作为一个独特的行业，环境货物和服务部门还没有公认的标准统计术语，例如钢铁行业。它综合了多个不同经济部门的活动。因此，无法使用标准统计分类建立一个完整的、综合的环境货物和服务部门活动清单。因此，在描述和分析该行业时，首先需要识别环境货物和服务部门群体，这也是最重要的步骤，它不依赖于所选择的收集环境货物和服务部门统计数据的方法选择(见本手册的第4章)。

环境货物和服务部门生产商识别和NACE分类

识别环境货物和服务部门群体意味着根据本手册第2章的定义，从一个国家的整体经济中选择环境技术、货物和服务的生产商。然后，根据NACE代码对环境货物和服务部门生产商进行重新分组，并按照环境领域进行分类。再采用NACE类别在/通过现有的统计数据库中寻找和/或估算诸如营业额、增加值、就业和出口额数据(见本手册的第4章)。此外，NACE类别还可在标准表格中对生产商重新分组，用于向欧盟统计局的报告数据(见本手册的第5章)，并提交该行业(见本手册的第6章)。

环境货物和服务部门生产商的数据库建设

因为无法采用专门的标准统计分类方法来识别和划分环境货物和服务部门的生产商，所以，构建一个环境货物和服务的生产商数据库可以有助于很好地确保环境货物和服务部门的覆盖范围。例如，该数据库可以包括制造、施工和服务活动，市场和非市场企业，小、中和大型企业等。该数据库应该不断更新，以测量环境部门的结构变化。

图 3.1 显示了一个识别环境货物和服务部门群体并建立环境货物和服务部门的生产商数据库的程序。它吸取了经合组织/欧盟统计局环境产业手册关于一些国家在收集环境货物和服务部门数据经验的建议。图 3.1 显示了搜索生产商的不同方法以及应该采用的建议，以获得该行业尽可能多的行业数据。

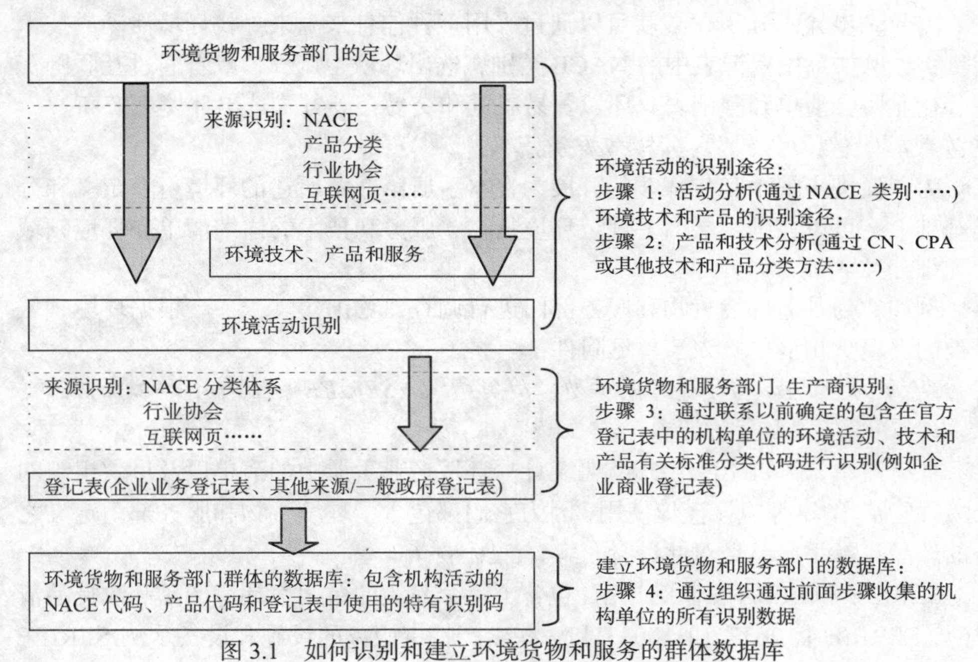

图 3.1　如何识别和建立环境货物和服务的群体数据库

群体识别方法

根据第 2 章描述的环境行业分类的定义以及附件 2 所提供的各环境领域的示例，可以通过图 3.1 的程序对环境生产商进行识别。

步骤 1 和步骤 2 同步进行：步骤 1 是特别适合于专项环保服务提供商，步骤 2 适合于改良品、单用途环境产品和环境技术的生产商。

步骤 1

环境生产商可以通过标准分类、专业化登记表和环境供应商类别进行直接确定。例如一些专项环保服务(如废物收集和管理)很容易根据 NACE 代码进行辨别。该方法着重于生产商开展的活动。

步骤 2

识别环境货物和服务部门生产商的第二个方法就是选择具有环境目的的货物、服务和技术(例如使用专门的列表)并将其与生产活动相关联(例如通过分类之间的对应关系表)，然后通过现有生产、现有货物和服务的列表、统计分类或其他来源，与其生产商建立联系。

因此，步骤 1 和步骤 2 就可以通过采用多种信息来源来寻找环境活动或技术和货物，例如采用登记表中的 NACE 类别，选出环境生产商，或者通过互联网资源、行业协会清单和登记表、环境贸易展览和交易会等方式选出环境生产商。

促进数据库建设的技术、货物和服务清单

为了促进步骤 1 和步骤 2 的开展，在本手册第 2 章所述的环境行业定义和分类基础上，可以在国家层面上规定环境货物、服务和技术的详细清单和环境领域的详细分类。

例如，为了对环境货物和服务部门进行调查，德国建立了一个根据环境领域分类的环境货物清单。该清单见附件 7。

经合组织/欧盟统计局环境产业手册、世贸组织、SERIEE 和 EPEA(环境保护开支账目)的环境技术和货物清单

现有清单，例如经合组织/欧盟统计局环境产业手册中的清单以及世贸组织的环境货物清单[①]，都应该谨慎使用，因为它们都包含了环境货物和服务部门定义之外的产品，本手册已经对此进行了解释(见附件 6)。

SERIEE 和 EPEA 编制的指南[②]包含了一个简短的单用途环境产品和改良品清单(见 SERIEE § 10032 和 10033)和一些生产特定服务的设施和设备示例(SERIEE § 10034)。所有这些示例是包含在附件 2 中。本手册的各行业环境支出中包含一个综合技术清单(见本手册的附件 5)[③]。

步骤 3

一旦确定环境货物和服务部门的生产商后，应该与官方统计信息源建立联系，例如业务登记表。

---

① 由世贸组织秘书处提供的关于环境产品和非正式脚注的意见汇总，TN/TE/W/63,2005 年 11 月 17 日。

② 根据 SERIEE(§ 10031)的定义，生态工业包括特定活动所需的生产特定服务、单用途环境产品、改良品和某些产品(即“设施”)的所有活动。因此，专项环保服务生产商与环境保护开支账目确定的生产商完全相同。欧盟统计局、SERIEE -环保开支账目-编制指南，卢森堡，2002。

③ 欧盟统计局、环境支出统计——行业数据收集手册，卢森堡，2005。

步骤 4

该步骤旨在建立一个详细的环境货物和服务部门群体的数据库，其中包含活动和货物代码以及唯一的生产商识别码。

附件 4 介绍了一个加拿大的程序，作为如何实现图 3.1 描述的方法的各步骤的示例。

3.1.1　环境活动识别

活动识别

选择环境货物和服务部门生产商的第一种方法是直接识别环境活动(图 3.1 中的步骤 1)。通过分析列入官方标准的分类经济活动，例如 NACE，判断是否能够产生环境输出，从而可以识别这类活动。在实践中，应该通过检查标准分类报道的每种经济活动说明是否符合本手册采用的定义来开展该分析。

也可以采用以下步骤，选择特殊环境的活动：

- 识别关键的环境问题(水利用、污水排放、材料消耗、废物发电、能源需求、空气排放、噪声生成等)；
- 检查通过生产技术和货物以及提供服务来解决这些关键问题有关的活动；
- 识别已确定活动的当前标准分类编码；
- 识别在一个国家内开展的这些活动。

该程序最适合于专项环保服务的提供商。例如建筑和工程服务有时可提供环境分析和技术测试。这类服务或划分为 NACE 71 的“技术测试和分析”中的“环境指标的测试和测量”。

NACE 分类

对于能够通过现有的经济活动分类的命名法进行区分的特定环境活动，例如 NACE，步骤 1 可以很容易地完成。

在 NACE 分类方法中，有些标签能够清晰地表示环境活动。事实上，NACE 第 2 版明确把大量环境活动作为单独一组或子组。在这些类别中，企业只生产用于环境或资源管理的技术、货物和服务。此外，在这些类别的注释中，它很明显没有涉及非环境组件的分配或生产，这一部分没有包括在环境货物和服务部门中。因此，这些 NACE 类别的生产商都在从事可完全视为与环境有关的活动。

典型的完全属于环境NACE 类别的示例

这类企业涵盖 NACE 37“污水”、NACE 38“垃圾收集、处理和处置活动、材料回收”以及 NACE 39“补救活动和其他废物治理”类别的企业。

NACE 的国家版本

另外，有些国家版本的 NACE 规定了更详细的活动分类，指定了其他典型的环保活动。例如挪威版的 NACE 第 2 版已经扩展到五位数水平，包含了完全的环境活动。挪威将 NACE 35.11 电力生产细分为 5 个小组(35.111：水力发电；35.112：风能发电；35.113：生物燃料、废物和沉积气体发电；35.114：天然气发电；35.119：其他资源发电，如波浪发电、潮汐发电等)。挪威的国家 NACE 能够通过规范 35.111、35.112、部分 35.113 和 35.119 来识别再生能源的生产商。

然而，大多数的环境货物和服务部门活动分散在 NACE 各组和子组中，其中的活动不生产完全的环保技术和货物。

例如再生能源的生产就是如此。通过其他资源进行能源生产可以预防化石资源的枯竭，例如再生能源。再生能源就是一种改良品，在再生能源生产中所采用的所有技术都是“资源节约型”技术(综合技术)。再生能源生产商与非再生能源生产商可划分在 NACE 35.11“电力生产”类别中。再生能源及其组件(单用途环境产品)生产所采用的综合技术生产商分散在 NACE C“制造”大类中。

二次业务的识别

根据 NACE 第 2 版和入门指南(§68)，如果一个单位只开展两个不同类别的 NACE 活动，占有增加值 50%以上的活动属于主要活动，并决定其在 NACE 第 2 版中的单位类别。

有些环境活动，主要是次要活动，甚至是主要活动，都没有具体标明，被划分在 NACE 和一般部分或不能通过 NACE 类别进行确定，因为该登记表只包含了 NACE 的主要活动(主要活动不属于环境活动，而次要活动属于环境活动)。这类属于垂直整合行业的情况。

对于这些类型的生产商(主要活动不属于环境活动的垂直整合行业)，NACE 分类方法不能够对生产环境技术、产品或服务的单位进行简单鉴定。

例如，NACE36“水收集、净化和分配”中的生产商主要活动就不应该被包括在环境货物和服务部门中，因为水收集、净化和分配不属于环境货物和服务部门所定义的环境保护或资源管理活动。然而，NACE 36 能够包括作为次要活动开展的水资源管理一类的环境活动(例如降低自来水厂的水损失)。

通过分析专业登记表和供应商目录以及采用商业协会的登记表，可以确定其中的部分生产商。

例如，对于有机农场主，通常可以从专门的商业协会获得生产商清单。考虑到有机农业很可能获得补贴，可在欧盟或国家层面搜索具有机农业标签的农场主[①](例如：荷兰)，另一种识别有机农场主的方法就是寻找接受补贴的农场主。

同样，可以通过环境技术、货物和服务识别环境货物和服务部门群体，如步骤2所述。

标准表格中包含了显示环境技术和货物示例的一份表格，这些环境技术和货物可以在各个NACE 类别中发现[②]。

3.1.2　环境技术、货物和服务识别

通过搜索环境技术、货物或服务来识别生产商

为了使环境货物和服务部门具有更好的涵盖范围，可通过选择特定的环境技术、货物和服务来确定群体(图3.1中的步骤2)。

识别专项环保服务、单用途环境产品和末端处理技术

为了识别并选择专项环保服务、单用途环境产品和末端处理技术，可以遵循以下步骤：

· 识别关键的环境问题(水利用、污水排放、材料消耗、废物发电、能源需求、空气排放、噪声生成等)；
· 检查解决这些关键问题有关的技术、产品或服务，在产生环境影响的工艺结束或之外具有独特或可确认的特征；
· 识别该国家所生产的技术、货物或服务；
· 识别能够确定技术、货物和服务的标准分类代码；
· 编制这些技术、货物和服务名单，该清单应该每年更新。

例如，洗涤器是为了治理和改善工艺结束时的空气排放。如果洗涤器在本国生产，它们就应该列入末端处理技术清单。

机动车辆的排气管和消音器是为了治理和改善车辆的空气排放。如果机动车辆的排气管或消音器在本国生产，它们就应该列入单用途环境产品清单。

废水治理服务是为了治理和改善水排放。如果这些服务由本国生产提供，它们就应该列入环境服务清单。

---

① 2000年3月，欧盟委员会引进了标有"Organic Farming — EC Control System"(有机农业- 黄金时代委员会控制体系)的商标 [条例(EEC)号：2092/91]。由经检验，满足欧盟法规的系统和产品生产商在自愿的基础上使用。

② 尽管它不是一份详尽清单，但是，表格中的示例应该被视为一个可以进一步完成和改进的起点。

识别综合技术和改良品

对于改良品和综合技术，需要一个参照(标准)来确定什么技术更为清洁或节约资源。

改良品和综合技术的特殊性在于：一旦它被认为是一种标准产品或技术，它就不再是“清洁”或资源节约型技术或货物，因此不再属于环境货物和服务部门的范围。此外，一项技术或一种货物可能在一个国家是标准的技术或货物，但是，在另一个国家就属于“清洁”或资源节约型技术或货物。因此，任何改良品和综合技术清单都会随时间和空间而发生改变。

识别综合技术

为了识别并选择综合技术，建议采用涉及以下步骤的迭代过程：

· 识别 NACE 的 2 位和 4 位数字分类层面的各种活动关键的环境问题(水利用、污水排放、材料消耗、废物发电、能源需求、空气排放、噪声生成等)；
· 检查解决这些关键问题最相关的生产工艺中的技术；
· 根据国家层面、欧盟层面和世界范围的可用数据，识别与基准水平相比，具有最佳环境绩效水平的技术部门；
· 识别该国家生产的技术；
· 确定当前已识别技术的标准分类代码；
· 编制综合技术清单，并定期更新，以进一步识别该类技术生产商。

清洁或资源节约型技术的示例

例如由于采用湿法工艺，水泥生产会消耗大量的能源。干式工艺作为一种节能技术现已可以采用，但是大多数部门尚未采用这种工艺(该工艺尚无标准)。因此，该项技术被视为一项“资源节约型”技术，其生产商应该划分为设备制造部门。

附件 6 包含了一些其他综合技术的示例。

识别改良品

为了识别并选择改良品，建议：

· 识别“前沿市场”的消费品；
· 确定在生产或消费和/或报废过程中具有最大的环境影响的产品组[1]；

---

① 例如：欧洲项目 IMPRO——产品环境改善，提供了一个集成产品政策框架清单，可用于识别这些产品组别(http://ec.europa.eu/environment/ipp/identifying.htm).

· 采用国家层面的可用数据，在客观参数的基础上，例如：成分(如可再生或无毒性的组件)和/或环境性能(如能源消耗、效率、回收能力/生物降解性、低/零污染)，检查各组具有最佳环境绩效的最相关产品；
· 基于现行标准，衡量各种消费品的“前沿市场”，并估算可以被认定为市场“绿色前沿”的部分；
· 确定由该国家生产的前沿绿色产品；
· 确定当前已识别技术的标准分类代码；
· 编制改良品清单，并定期更新。

例如：因为紧凑型荧光灯代表了市场上的最佳可用照明产品，可降低照明能耗，所有它们被认为是改良品。

注：识别改良品另一种方法是依靠现有的“生态标签”。清单中可能包含符合生态标签设定的标准或最高等级生态标签的范围内的产品。经验法则的优点在于它的用户友好性。缺点在于对于特定的货物，环保标签设定的标准太宽泛，允许将大部分的货物生产都包含在内，因此不能够识别前沿的绿色产品。附件7介绍了如何使用环保标签识别改良品。

欧共体创新调查[①]的结果是可用于识别和更新国家层面和环境技术、货物和服务的另一种信息来源。事实上，该调查结果可以识别降低单位产出的材料和能源消耗和/或减少环境影响创新技术、货物和服务的生产商。

环保技术、货物和服务的分类

技术、货物或服务分类

技术、货物或服务分类和命名有助于选择易于从其标签进行区分的环境技术、货物或服务。

按照活动类型对货物进行分类

按照活动类型对货物进行分类[②](CPA)是美国核心货物分类(CPC)的欧洲版分类方法[③]。

它是一套涉及货物和服务的完整的货物分类方法。CPA 区分的每种货物或服务都采用一种活动进行生产，该活动由所有经济活动的 NACE 分类方法所定义。CPA 和 NACE 分类方法之间的联系表现在代码上：所有 CPA 代码的前四位数代

① 欧共体创新调查(CIS)是由欧盟成员国开展的一项调查，可以监测欧洲创新领域的进展。这项调查最初每四年开展一次，但自 2005 年以来每两年开展一次。该项调查旨在收集产品和工艺创新以及组织和营销创新方面的信息。

② CPA 是一种基于货物的物理特征或所提供服务性质的分类方法。

③ 新版的 CPA 于 2008 年采用。

码都等于 NACE 的前四位数代码。

CPA 提供了可以进行国内或国际交易，或者可以进入股市的所有货物类别。它包括可以作为经济活动产出的货物和服务，包括可运输货物、不可运输货物以及服务。

例如水处理和污水处理工厂建设归为 CPA 42.21.23。其他示例都属于 CPA 71.11.31“城市规划服务”，其中包括城市发展规划的环境影响研究以及 CPA 71.12.15“废物治理项目工程服务”。

比利时环保产业报告中包含了根据 CPA 分类的环境货物清单[①]。该清单引用经合组织的环境货物清单，采用 CPA 代码进行组织，各条目中还包含了货物所分配的环境领域(根据经合组织/欧盟统计局环境产业手册)。

协调编码体系和组合命名法

协调编码体系(HS)是美国的货物分类方法，考虑了国民经济核算体系(SNA)规定的经济供应和使用基本范畴，例如中间消费、最终消费、资本形成以及进出口。虽然协调编码体系应该只关注货物，它还是包括了服务的物理表现形式(例如工程师或建筑师的项目)。协调编码体系是基于原材料和产品的生产阶段的一种货物分类方法。协调编码体系主要采用了划分货物的物理性质的标准。

组合命名法(CN)是基于协调编码体系分类、在欧盟内部用于收集和处理对外贸易数据的一种分类方法。组合命名法分类是比其参考更详细，进一步增加了两位数，成为六位的 HS 编码[②]。

例如：消音器、消声器和排气管的识别代码为 HS 870892。

PRODCOM 是一个用于收集和传播产品生产制造统计数据的系统，它包括约 4500 个标题。每个标题都有一个基于 NACE 前四位数的八位代码，NACE 通常用于生产企业分类，前六位数中由 CPA[③]增加了两位数，通常对应于组合命名法(CN)。

例如：德国正在开展一项用于环境保护的货物、建设工程和服务的调查。根据 PRODCOM 清单(附件 6)规定，通过识别德国商业注册表的生产环境产品的地方单位来建立统计群体。

例如紧凑型荧光灯(改良品)可以划分为 PRODCOM 代码和 CPA 27.40.15(NACE 27.40 电气照明设备制造)进行确定。多层隔热玻璃装置可用于双

---

① 联邦规划局，(2007)，“比利时环境产业(1995－2005)”，附件 3。

② 协调编码体系(HS)的最新版本于 2007 年定稿。组合命名法(CN)2007 和 2008 版都与最新版的协调编码体系(HS)保持一致。

③ 由于 PRODCOM 是基于 NACE 和 CPA 分类方法，该系统已经更新，以便与 2008 年以来的新版本保持一致。

层玻璃窗户的玻璃以节约热量或降低噪声，这种玻璃可划分为代码 PRODCOM 和 23.12.13. (NACE 23.12 平板玻璃的成形和加工)。

3.1.3　技术、货物和服务、活动和生产商之间联系

环境货物、服务和技术之间的联系和机构清单

图 3.1 中的步骤 3 包括通过已有的机构层面的注册代码来识别环境生产商。一旦选定了环境活动(步骤 1)，就能够与开展该活动的机构关联起来。

环境货物、服务和技术之间的联系和生产商的 NACE 代码

一旦选定了环境技术、货物和服务(步骤 2)，它们就可以与现有分类的相应代码关联起来，然后与生产此类技术、货物或服务的企业或机构清单关联起来。例如，业务登记表包含了根据 NACE 划分的机构。其他登记表包含了按照货物代码进行分类的机构，如 PRODCOM 统计。

然后，技术、货物或服务分类就会有助找到生产该技术、货物或服务的经济活动，因为经济活动是通过对应关系表格与活动分类相联系[①]的，如图 3.2 所示。

例如，代码为 CN 8708 的设备是消音器、消声器和排气管。这些与 CPA 29.32.30“机动车辆零部件和配件”对应，因此，它们是由 NACE 29.32“机动车辆其他部件和配件制造商”生产。

数据库采用这种方式构建，可以使统计资料按照市场和非市场企业的主要活动和次要活动进行汇编。

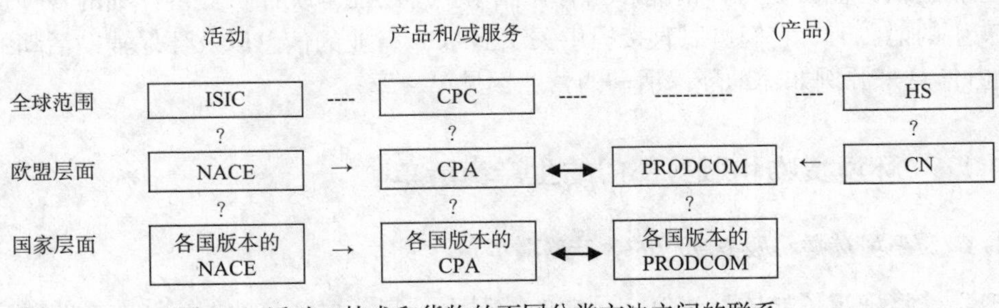

图 3.2　活动、技术和货物的不同分类方法之间的联系

① 对应关系表可以查询欧盟统计局网站：http://ec.europa.eu/ Eurostat/ramon/relations/index.cfm?TargetUrl=LST_REL

> **注：**本章描述的程序可以导致识别开展多项活动的企业，有些活动在环境货物和服务部门定义内，有些不在该定义内。此外，在一个企业内的多个机构可能在环境领域和NACE分类方面都有所不同。为此，数据库应该能够在局部业务单位的基础上理想地描述环境货物和服务部门的生产商。关注局部业务单位有助于确定只涉及企业环境活动的机构。此外，如果企业开展的活动属于完全环境(可通过明确的NACE代码予以识别，如前所述)，所有的机构都可以认为是完全环境性质。
>
> 根据可用的信息，如果环境货物和服务部门单位和非环境货物和服务部门单位共同包含在内，有可能会出现：在建议方法第一步中进行的分析只能识别更宽泛的活动、技术或产品类别。这种情况可能经常发生，并会导致环境货物和服务部门群体的识别不彻底。在这些情况下，可以开展一项彻底确定群体的初步调查以便进行更详细的识别。

环保辅助活动

对于辅助活动，如果机构是未知的，可以采用另外一种编辑统计方法。对于环境保护(EP)辅助活动，环境保护开支账目(EPEA)可以直接提供关于 NACE 行业的信息以及环保辅助活动的数量(信息来源例如辅助环保活动的营业额见第 4 章)。

资源管理辅助活动：再生能源汽车生产的案例

对于资源管理(RM)辅助活动，其中最重要的活动是再生能源汽车的生产。有些工业活动能够通过再生能源汽车的生产覆盖大部分的能源需要。例如，食品工业和造纸行业就是这种情况。当有关汽车生产的能源统计可提供详细的各种资源产生的能源时，它们可以直接提供关于 NACE 行业的信息以及环保辅助活动的数量(信息来源例如辅助环保活动的营业额见第 4 章)。

3.1.4 环境货物和服务部门的生产商清单

编制环境货物和服务部门的生产商清单

一旦确定了群体，建议在可能的情况下，应该编制与标准统计数据的对应关系(例如企业和机构通常具有独特的分类代码，与主要标准工业分类和登记表相联系)。

建议各个群体的机构都应该分配国家分类和欧洲统计分类与命名的类别/编码。采用这种方式，可以推导出一些信息。这也将有助于提高数据质量，并促进分析和进一步的资料整理。

图 3.1 描述的程序最后一步(步骤 4)旨在在数据库中编制一个具有代码的生产商(机构)清单，以形成企业统计群体。为了便于数据收集，还应该增加每个机构的唯一识别号(使其能够在所有的登记表被发现)(见表 3.1 中的示例)。机构的环保技术和货物可以细化。与技术和货物相关的环境领域也可以按照机构分别引入数据库中。在以下第 3.2 节中解释了该程序如何把环境领域归类到技术和货物上。

表 3.1 环境货物和服务部门生产商的初步清单示例

NACE	活动	机构	识别码(例如商务登记表)	技术或货物	环境领域
—	—	—	—	—	—
22.11	主要活动与市场	‘Pincopallino’ 轮胎翻新	293907	不适用	CReMA 13C
23.11	辅助活动与非市场	‘Pincopallino’ 玻璃	257990	23.12.13	CReMA 14
27.50	次要活动与市场	‘Pincopallino’ 灯具	333333	27.50.15.xx	CReMA 13B
39	主要活动与非市场	‘Pincopallino’ 废物	453563	不适用	CEPA 3
—	—	—	—	—	—

3.2 按照环境领域对活动进行分类的建议

绝大部分的环境货物和服务部门活动都易于根据环境目的通过环境领域进行分类。

例如，NACE 24.4“基础贵金属和其他有色金属的生产”包括通过金属废料和废金属(铝、铜、锌等)电解精炼的生产活动。这些活动显然旨在减少原料消耗，以生产改良品(即从金属废料和废金属生产金属)从而被归类为 CReMA 14“矿物质管理”。

另一个例子是划分为 NACE 41“施工”中的被动低能耗建筑的建设(改良品)。这类建筑的主要环境目的是节能/节热。因此，这些改良品应该划分为 CReMA 13B“节热和节能”。

涉及两个或更多领域的技术和货物分类

有些技术和货物涉及一个以上的环境保护领域、一个以上的自然资源管理领域或同时涉及环境保护和资源管理域领域。例如，大部分综合技术和改良品都是这种情况，可防止或减少污染和/或自然资源的消耗。

为了进行统计，技术和货物分类方法应该基于主要领域、主要目的并考虑技术性质以及生产商的意图进行。针对多个 CEPA 和/或 CReMA 类别的多用途活动和产品应该在主要领域内进行分类。

再生能源同时可防止空气排放和自然资源枯竭。按照惯例，通过减少自然资源的使用量，与环境空气和气候保护相关的所有活动都应该划分为自然资源管理大类内。在这种情况下，再生能源生产商应该划分 CReMA 13“能源管理”类别中，其中包括一个子类 CReMA 13A，用于再生资源的能源生产。

气候变化预防活动的建议

应对气候变化的活动可分为四类：治理或避免温室气体排放的活动(例如过滤器或低二氧化碳排放产品的生产商)，属于 CEPA 1 的一部分；再生能源的生产活动(例如再生能源以及风车的生产商)，属于 CReMA 13 的一部分；气候保护的研究活动，属于 CEPA 9 的一部分；促进再生能源生产的研究活动，属于 CReMA 15 的一部分。标准表格允许对这样活动进行单独识别和分类，以便能够提供致力于应对气候变化的环境货物和服务部门部分的总体数据。

回收利用活动的建议

根据 CEPA，回收利用被视为一个生产链，包括两个主要部分：上游部分包括收集和处理废物的生产工艺和技术，因此应该归类为 CEPA 3(主要目的是分拣和处理废物以便重新利用)；下游部分包括把废物转换成二次原材料或最终货物的生产工艺和技术(主要目的是减少资源的使用)，因此不应该被划分为环境保护大类中，而应该被划分为资源管理类别中(图 3.3)。

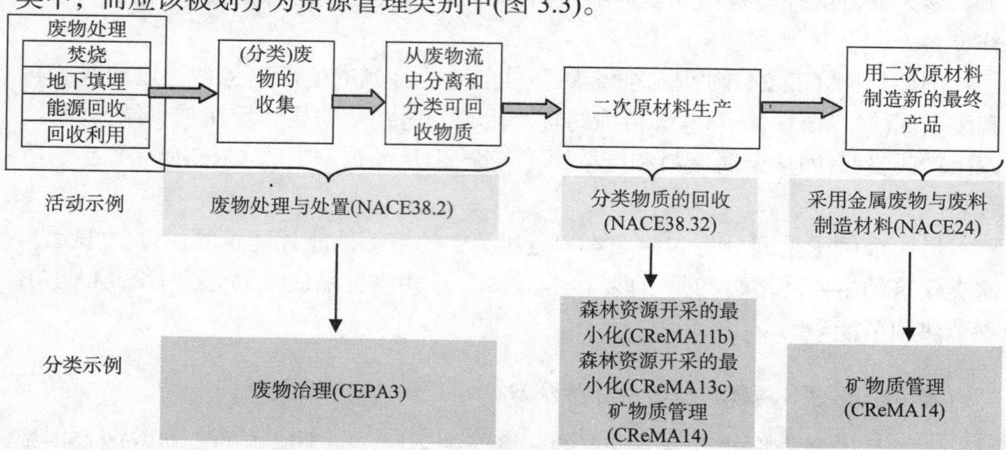

图 3.3 回收利用活动：环境保护和自然资源管理之间的区别

回收利用活动包括在 CEPA3，仅在某种程度上能够替代废物治理。这意味着在实践中，只有用于收集和处理废物的活动和技术划分为 CEPA 3(例如属于末端处理技术的用于废物分拣的设备)，这些活动的输出就是(废物治理)服务。相反，产生的再生材料和产品的活动不包括在CEPA中，属于CReMA范围(属于资源节约型技术的，用于把废物转变成二次原料或最终产品的设备)。

因此，涉及废物收集、处理和部分回收利用活动应该划分为CEPA 3(废物治理)。然而，环境保护活动类别不包括从废物和废料制造二次原料或产品的活动。二次原料(以及还有由二次原料制造的产品)被视为资源管理领域内的环境产品，因为这类活动旨在降低原材料的消耗，从而避免使用资源。

回收产品的分类

回收木材产品和再生纸的生产商划分为CReMA 11B(森林资源耗用最小化)；回收玻璃、金属、陶瓷制品的生产商划分为CReMA 14(矿物质管理)，再生塑料制品的生产商划分为CReMA 13C(化石资源作为能源生产以外的原料耗用最小化)。

垃圾焚烧的建议

如果设施用于废物热处理时(废物治理服务)，垃圾焚烧应该包含在CEPA 3中(废物治理)。对于生物质废物焚烧而言，如果设施用于能量回收时(主要是制造业)，它应该划分为 CReMA13A(再生资源的能源生产)。

保护生物多样性和野生动植物管理的建议

CEPA 6与生物多样性的保护有关，例如该类别涉及濒危物种。对于野生动植物资源管理(CReMA 12)，存量(例如捕猎的鱼和野生动物)是相关内容。例如，提供授权和制定钓捕鱼和打猎配额的政府机构就是该领域生产商。

城市规划活动建议

城市规划活动经常要考虑可持续发展问题。在这种情况下，可以记入环境货物和服务部门的部分活动就是该环境货物和服务部门所定义的部分。这可以是主要针对保护风景和生物多样性(CEPA 6)问题的一类城市规划活动，或主要针对减少能源消耗(CReMA 13B)的活动。

附件2.10 和标准表格的企业样表中提供了部分环境领域分类的示例和建议。

附件3 NACE 第1.1版和第2版之间的对应关系表

根据用于替代NACE第1.1版的NACE第2版的规定，与环境管理相关的活动已经重新分类。表A3.1概览了NACE 第1.1版和第2版之间的对应关系。

表 A3.1　NACE 第 1.1 版和第 2 版之间的对应关系

ISIC 第 3.1 版 —NACE 第 1.1 版		ISIC 第 4 版 —NACE 第 2 版	
章节	说明	章节	说明
A B	农业、狩猎与林业 渔业	A	农业、林业 渔业
C	采矿和采石	B	采矿和采石
D	制造业	C	制造业
E	电力、天然气和供水	D E	电力、天然气、蒸汽和空调供应 供水、排水、废物治理和恢复活动
F	建筑业	F	建筑业
G	产品批发和零售贸易：机动车辆和摩托车修理、个人及家用产品	G	产品批发和零售贸易：机动车辆和摩托车修理
H	酒店和餐馆	I	住宿和餐饮服务活动
I	运输、储存和通信	H J	运输和储存 信息和通信
J	金融中介	K	金融和保险活动
K	房地产、租赁和商务活动	L M N	房地产活动 专业、科学和技术活动 管理和支持服务活动
L	公共管理与国防；强制性社会保障	O	公共管理与国防；强制性社会保障
M	教育	P	教育
N	卫生和社会服务	Q	人类健康和社会服务活动
O	其他社区、社会及个人服务活动	R S	艺术、娱乐和休闲 其他服务活动
P	作为雇主的私人家庭活动和私人家庭的无差别生产活动	T	作为雇主的私人家庭活动、家庭自用的无差别产品和服务的生产活动
Q	治外法权的组织和机构	U	治外法权的组织和机构的活动

曾经被划分为 NACE 41, 90, 37 的大多数环境活动或其他业务活动将重新组成一个新的类别(NACE E)。表 A3.2 提供了 NACE 第 1.1 版和第 2 版的“环境”类别之间的对应关系(即只包含环境活动)。

表 A3.2　NACE 第 1.1 版和第 2 版之间的“环境”活动对应关系表

NACE 第 1.1 版	详细说明	NACE 第 2 版	详细说明	备注
2330	核燃料的工艺流程	3812	有害废物收集	放射性核废料的收集和处理
2330	核燃料的工艺流程	3822	有害废物的收集与处理	放射性核废料的处理、处置和存储，包括： - 过渡放射性废物的处理和处置，即从医院运出期间内的衰减 - 核废料的封装、制备和其他用于储存的处理方式
2512	橡胶轮胎的轮胎翻修和重新制造	2211	橡胶轮胎和管道的制造、橡胶轮胎的轮胎翻修和重新制造	NACE 第 1.1 版，第 25.11 和 25.12 类别的集合

续表

NACE 第 1.1 版	详细说明	NACE 第 2 版	详细说明	备注
3710	金属废料和废物的回收利用	3831	残骸拆除	包括： - 汽车分解
3710	金属废料和废物的回收利用	3832	分类物质的回收	包括： - 从照相废液中回收金属，如：定影剂溶液或胶卷和相纸
3720	非金属废料和废物的回收利用	3832	分类物质的回收	所有
9001	污水收集与处理	3700	污水	
9002	其他废物收集与处理	3811	无害废物收集	无害废物收集
9002	其他废物收集与处理	3812	有害废物收集	有害废物收集
9002	其他废物收集与处理	3821	无害废物的处理与清理	无害废物的处理与清理，从有机废物中生产堆肥
9002	其他废物收集与处理	3822	有害废物的处理与清理	有害废物的处理与清理
9003	环境卫生、整治与类似活动	3811	无害废物收集	公共场所垃圾箱中的废物收集
9003	环境卫生、整治与类似活动	3900	整治活动和其他废物治理服务	采用机械、化学或生物方法，对污染场所的土壤和地下水净化进行现场处理或非现场处理；对意外污染后的表面水进行净化和清理，例如通过污染物收集或通过采用化学物质清理泄漏在陆地、地表水、大洋和海滨(包括沿海海域)的原油。清除地雷等(包括爆炸物)。其他专门的污染控制活动等

附件 4　用于群体识别的信息来源：国家示例

为了建立环境货物和服务部门的统计群体，可以采用不同的资料来源。下文介绍了来自不同国家的经验。

荷兰

荷兰中央统计局采用数据来源构造了一个环境产品和服务生产商的指示性数据库，例如商业登记表、行业协会、使用关键字在互联网进行搜索、电话目录和黄页。在荷兰，没有实施具体环境行业的调查。

通过采用该框架，荷兰中央统计局专门采用以下标准来识别技术和环境咨询服务的生产商：如果企业是与环境相关的行业协会的成员，和/或企业在黄页中被分成“环境”组别，那么该企业就属于环境行业。

然后遵循以下步骤：

- 确定企业属于“商业协会”还是“黄页”；
- 识别这些企业的邮政编码和编号；
- 尝试在商业登记表中查找企业；
- 一旦在商业登记表中发现该生产商，可以收集其必要的变量(NACE 类别、就业、营业额、出口额、增加值)，并根据环境活动对其进行分类(空气污染控制、废水管理等)；
- 把这些企业归为特定的环境活动和 NACE 类别。

瑞典

瑞典统计局已经建立了一个包含环境货物和服务部门群体的数据库。数据库中的每个机构都按照 NACE 代码和所在环境领域进行分类。NACE 编码的信息从商业登记表中收集，环境领域根据机构(或企业)的活动说明以及在经合组织/欧盟统计局环境行业手册规定的环境领域的对应关系进行决定。

直到 2002 年，数据库都完全基于企业数据。从 2002 年开始，瑞典统计局开始关注机构。其原因是一个企业可以进行很多活动，有些活动属于环境行业的范畴，而有些不属于环境行业的范畴。此外，一个企业内的两个机构可能在环境领域和 NACE 分类中有所不同。总之，关注机构而不是关注整个企业能够获得更高的精确度。目前，瑞典环境货物和服务部门数据库包含了约 13 000 个机构，隶属于大约 10 000 家企业。

瑞典统计局采用的方法通常可以描述为以下三个步骤：

- 群体识别：完全的环境产业(整个 NACE 类别)可以通过 NACE 代码直接在业务登记表中识别。其他的机构通过清单和数据库来识别，例如，来自贸易协会、黄页、网站等的清单，识别方法类似于荷兰。

一旦机构识别后，它们就能够通过唯一的识别号在商业登记表中被明确指出。为了获得关于营业额、就业等变量的信息，将其与其他信息来源进行链接是必要的。

- 分类：第二步就是根据机构积极参与的环境领域，再根据机构在该环境领域内的活跃程度，对机构进行分类。此时，已经建立一个主要组和一个次要组。第一组活动在界定的环境领域内估计超过 50%，第二组活动在界定的环境领域内小于 50%，尽管第二组也是业务活动的一个重要部分。
- 链接：最后一步是已标识的机构链接到其他数据源，以获取关于就业、营业额、出口等信息。基于机构的标识号，可以链接获取大量的不同信息。

加拿大

通过咨询各种政府部门和私营部门的数据用户，加拿大统计局确定了一个广泛应用于环境保护的货物和服务清单。这些货物和服务与 NAICS(北美产业分类系统)中最有可能产生/提供这些货物和服务的企业联系起来①，主要采用六位数进行分类。

然后，这些关键的 NAICS 类别采用一个两步式程序进行取样。最初，第一批样本从合格的 NAICS 范围内的所有可用单位(高于界定规模)中抽取约 6000 个单位(规模高于 100 万美元收益的界定值)。这些单位都是一项电话调查的对象，以确定其业务性质，并将其归为调查范围内或范围之外。随后，在第一阶段的范围内全部单位中进行第二次取样，据估算，大约 1000 个机构确定为接受完整的问卷调查(第二阶段)。

加拿大统计局研究了外部资源，以识别已自行认定为环境货物和服务的生产商或进口商的企业。然后，这些企业再与中央商业登记表进行联系，并包含在第二阶段寄出的广告性传单中。

在收集和接收到最终数据文件后，对每个已抽样的 NAICS 准备进行估算。这些估算结合来自加拿大统计局的另外一次废物治理行业调查所得到的信息以及环境工程和环境咨询的服务部门的调查结果，再把最终的结果编辑出来。

附件 5 综合技术和改良品识别：部分示例

本附件提供了如何识别综合技术和改良品的一些示例，包含了一些用于制造业的综合技术示例；还包含了再生能源和有机农业产品(改良品)的定义。最后，本附件提出了一种通过采用能源标签和生态标签查找改良品的方法。

制造产业的综合技术

制造业使用(和生产)的“集成”技术是指在生产过程以及资源节约型生产流程中，能够防止污染物产生的技术。这类技术包括用于保护自然资源、或防止或降低资源所产生的污染，从而减少污染物释放和/或污染活动有关的环境影响的方法、实践、工艺或设备设计。

① 北美产业分类系统(NAICS)相当于加拿大的 NACE。

在欧盟统计局环境行业支出手册中可以发现有关综合技术的示例[①]。 表 A5.1 包含了这些专门适用于环境保护小组的综合技术，即这些清洁技术和如何查找这类技术生产商的一些提示。当清单涉及到容易识别的设备，那么可能的生产商会被列出。如果该清单引用了易于识别的方法、工艺和实践，生产商通常都是使用这类方法、工艺和实践的活动类型。在这种情况下，综合技术是一种辅助活动，“生产商”栏指出了经济行业类型以及查找地址。

表 A5.1　清洁技术清单

综合技术：清洁技术	生产商
环境空气与气候保护	NACE C — 化工行业
生物净化系统	NACE C — 装备行业
具有环保冷却装置的汽车	NACE C — 化工行业
催化剂交换器/净化器	NACE C — 化工行业
NO_x 催化净化器	NACE C — 装备行业
用较小的冷却装置取代氨中央冷却装置	NACE C — 装备行业
把冷却系统改变为间冷式冰箱	NACE C — 装备行业
CO 和 NO_x 优化	NACE C — 装备行业
制冷量储存、铺地板和热回收	NACE C — 装备行业
压缩机改换更环保的冷却材料	NACE C — 装备行业
压缩机切换、改变干燥机冷却材料	NACE C — 装备行业
计算机控制的工厂熔炉设备	NACE C — 装备行业
CFC/R-12 装置的转换	NACE C — 装备行业
熔炉油改电	NACE C — 装备行业
冰箱压缩机的改变	NACE C — 装备行业
制冷压缩机	NACE C — 装备行业
冷却设备	NACE C — 装备行业
冷却投入、氟利昂液化	NACE C — 装备行业
远程冷却系统	NACE C — 装备行业
更换 R22 冷却装置的远程冷却系统	NACE C — 装备行业
远程加热管路	NACE C — 装备行业
BTG 制造的封闭过程	NACE C — 装备行业
更换冷却剂	NACE C — 装备行业
更换冷却材料	NACE C — 装备行业
更换空调和测试室的冷却材料	NACE C — 装备行业
更换冷却系统中的冷却材料	NACE C — 装备行业
更换为 NH_3 冷却系统	NACE C — 装备行业
更换灭火器	NACE C — 装备行业
更换冰箱材料	NACE C — 装备行业

① 欧盟统计局，2005，环境支出统计：行业数据收集手册。

续表

综合技术：清洁技术	生产商
更换空调机组中的 R22	NACE C — 装备行业
更换机器中的制冷机和材料	NACE C — 装备行业
把基于溶剂的清洗设备更换为基于水的清洗设备	NACE C — 装备行业
更换水性涂料	NACE C — 化工行业
更换 R22 空调机组	NACE C — 装备行业
更换冷却系统中的材料	NACE C — 装备行业
槽体和其他存储区域的浮动盖板和遮盖物	NACE C — 装备行业
炉体中央的尾气操作控制装置	NACE C — 装备行业
车床除雾分离器	NACE C — 装备行业
蒸发设备的通风频率控制	NACE C — 装备行业
为更好地进行燃烧的炉体改造	NACE C — 装备行业
抗紫外线清漆底色	NACE C — 装备行业
换热器	NACE C — 装备行业
热水蓄热箱，用于改善低货运管理	NACE C — 装备行业
改进 SF_6 气体的密度测试设备	NACE C — 装备行业
用于减少 NO_x 排放的设备安装	NACE C — 装备行业
油加热炉的低 NO_x 燃烧器的安装	NACE C — 装备行业
烘箱的绝缘	NACE C — 化工行业
冷却设备中的 R22 液化	
环氧乙烷液化灭菌法	
氟利昂液化	
三氯乙烯液化	
循环空气设备	NACE C — 装备行业
新的冷凝器(氨冷却器)	NACE C — 装备行业
新蒸发管道	NACE C — 装备行业
新的热泵	NACE C — 装备行业
采用更环保的新密封泵设备	NACE C — 装备行业
新的基于酒精洗涤技术	NACE C — 装备行业
NO_x 燃烧室，燃气轮机	NACE C — 装备行业
炉体的操作管理	
球团炉	NACE C — 装备行业
购买静电设备减少涂漆时的漆用量	NACE C — 装备行业
树皮炉改造，以提高效率，降低 NO_x 排放水平	NACE C — 装备行业
改造生物反应炉的一次空气调节器	NACE C — 装备行业
改造涂漆部门的通风及空气净化器装置	NACE C — 装备行业
减少氟利昂使用量	
减少熔炉中央的粉尘排放	NACE C — 装备行业
制冷压缩机	NACE C — 装备行业
以氨作为冷却剂的冰箱，更换含有 HCFC 的旧冰箱	NACE C — 装备行业
取代 CFC 氟冷却装置	NACE C — 装备行业

续表

综合技术：清洁技术	生产商
用周期性设备更换冷却材料	NACE C — 装备行业
替代基于氟利昂的制冷设备	NACE C — 装备行业
限制化石燃料燃烧引起的排放和气味，例如，燃烧设备中的设施和外壳	NACE C — 装备行业
限制燃料燃烧引起的气体排放和气味，例如，消耗油基燃料设备或其部分的覆盖物	
采用一种防止和减少大气排放的方式重新使用排放气体	NACE C — 装备行业
重新利用废气，以防止空气污染	NACE C — 装备行业
正在研制的机器人以减少铸造厂内的空气污染	NACE C — 装备行业
主要采用水清洗滤网金属薄片	NACE C — 装备行业
萃取器的消声器	NACE C — 装备行业
树皮炉的 SO_2 测量仪表	NACE C — 装备行业
清除底灰的特种设备	NACE C — 装备行业
水渍染色机	NACE C — 装备行业
补充更换氟利昂，以氨作为制冷装置的冷却方式	NACE C — 装备行业
过渡到水基色搪瓷	
气流修整	
真空输送机，处置化学物质的过程封闭	NACE C — 装备行业
真空泵代替蒸汽喷射器	NACE C — 装备行业
通风装置，把氟利昂更换为水	
通风机、隔离器	NACE C — 装备行业
水切割机器人	NACE C — 装备行业
水涂漆，配备干燥机	NACE C — 装备行业
水渍滚筒	NACE C — 装备行业
废水	
采用闭式循环冷却水系统来防止和减少热污染	NACE C — 装备行业
采用冷却空气系统代替冷却水系统	NACE C — 装备行业
装配调控通风机在机器停止时关闭水流	
舱体垫圈减少污染物向空气和水的排放	NACE C — 装备行业
循环冷却系统	NACE C — 装备行业
通过真空蒸发设备对工艺清洗水进行清洁	NACE C — 装备行业
恒温喷淋用水的回收	NACE C — 装备行业
压缩空气干燥机	NACE C — 装备行业
工艺用水的去离子化，以降低其中的化学物质浓度	
封闭式冷却系统	NACE C — 装备行业
冲洗底片的冲洗水的封闭系统	NACE C — 装备行业
封闭式水冷却系统	NACE C — 装备行业
工艺用水闭式水系统	NACE C — 装备行业
冷却系统外壳	NACE C — 装备行业
用于处置封闭系统中污泥的设备	NACE C — 装备行业
更换洗碗机	NACE C — 装备行业

续表

综合技术：清洁技术	生产商
额外的氧气供应设施	NACE C — 装备行业
点焊时冷却水循环槽的安装	NACE C — 装备行业
在出水之前安装炭过滤器，主要用途是回收水	NACE C — 装备行业
加热电缆的安装	NACE C — 装备行业
更高效的存储包装的清洗设备	NACE C — 装备行业
更现代的印刷机	NACE C — 装备行业
新的保湿方法，节省用水，并且不使用任何化学物质	
油分离器	NACE C — 装备行业
聚合物设施	
在碱性洗涤中净化处理水	
改造和改变管道	NACE C — 装备行业
表面处理部门的改造，新工艺的洗涤装置和净化装置	
降低废水的铬排放	
减少水消耗量或水的重新利用	
减少水的使用，重新利用水	
输水的监管安排	
Ni/Cr 生产线的电阻清洗设备	
向净化设备补充干净的水，以使它可以回收	
补充表面处理装置增加经济的清洗步骤，以减少氰化物的排放	
采用紫外线减少冲洗水中的细菌生长	NACE C — 装备行业
制造过程中的真空泵	NACE C — 装备行业
通风百叶窗	NACE C — 装备行业
采用封闭系统的洗衣机和机械细节	NACE C — 装备行业
清洁机器人，水和 Ism 的再循环装置	NACE C — 装备行业
洗涤系统的用量改进	NACE C — 装备行业
废物	
减少使用原辅材料，以减少废物产生量	
减少使用原材料，以减少废物产生量	
重新利用生产过程中的废物	NACE C — 装备行业
重新利用生产过程中的废料	NACE C — 装备行业
土壤和地下水	
溶剂的燃烧换热器	
远程加热连接	
双盖或双壁的槽体和水箱，以防止泄漏和保护土壤与地下水	
更换低能量的配件	NACE C — 装备行业
更换含有 PCB 油的电缆	NACE C — 装备行业
更换高压油电缆	
更换 MPS	
充满保护容器	
充满保护油	

续表

综合技术：清洁技术	生产商
过滤器和通风装置的控制系统	
噪声与振动	NACE C — 装备行业
设备和机器设计或建造保证低噪声和振动水平	NACE C — 装备行业
挠性附件等	NACE C — 装备行业
基础的振动抑制	NACE F
炉体或组件具有低噪声排放水平特征	NACE C — 装备行业
地面火炬	NACE C — 装备行业
燃烧装置上的低噪声燃烧器	NACE C — 装备行业
减少噪声的测量装置	
部分设备和机械的设计，以减少噪声与振动	NACE C — 装备行业
重组建筑物和/或设施以减少噪声污染	NACE F
建筑物建设或改造中的特殊设施(包括建筑中的隔热材料)	NACE F
生物多样性和景观	
架线塔融入景观	NACE F
预防对自然和景观的损害(例如现场访问的绕行道路、倾斜钻井)	NACE F
其他	
降低磁场的步骤	

可持续农业和有机农业

> 由于有机农业在生产阶段是低污染的，所以它是一种综合技术(即它属于环境保护分组)。但由于实际原因，现已认同对农民就业数量和有机农业产品的营业额、增加值和出口额的估算统计，并将其分类为改良品。

有机农业被视为农业部门最重要的环保活动。由于采用本手册环境货物和服务部门的定义，自然资源不包括土壤，这类活动可以划分为不同的 CEPA 环境领域。事实上，转向减少对环境有害的流程和方法可能会使得农业降低对土壤、地下水和地表水、生物多样性的环境影响，以及减少水的消耗量。在下文中，讨论了可持续农业和有机农业的概念，并提出了编制有机农业产品数据的一些提示。

什么是可持续农业？

可持续农业可以被定义为“使农作物生产或牲畜养殖不会损害到作为生态系统的农场，包括影响土壤、供水、生物多样性或其他周边自然资源的环保耕作方法。可持续农业的概念是指能够将受保护的或改善的，而不是已耗尽或污染的自然资源基础传递下去的‘可跨代’农业”[①]。

另一个定义是“指可以为农民提供安全生活，维护自然环境和资源，支持农村社区，对所有相关方提供了尊重和公平，包括农场工人到消费者到作为食物的饲养动物的这类农业”[②]。

什么是有机农业?

有机农业(OA)是更大的可持续农业类别中的一部分。各国家和地方的法规以及私人执行标准对有机农业有各种定义，这些定义都不尽相同。在国际层面上，有两个主要的参考基点：①食品法典委员会，该委员会是联合国粮农组织(FAO)和世界卫生组织(WHO)共同倡议的处理食品安全和标签事宜的一个政府间组织；②国际有机农业运动联盟(IFOAM)，该联盟是一个有机运动的国际保护组织，拥有 700 多个成员，遍布世界各地。这两个组织都已制定了自己的有机标准，旨在作为“标准中的标准”(即本身不作为标准，而是协助有关国家和机构制定各自的标准)。

国际有机农业运动联合会把有机农业定义为：“……能够促进食物和纤维环保的、社会的和经济的健康生产的所有农业系统。回收营养物质和加强自然过程有助于保持土壤肥力并确保成功生产。通过尊重植物、动物和景观的自然容量，旨在优化农业和环境的各方面质量。有机农业通过抑制合成化肥、杀虫剂、转基因生物和药物的使用，来显著降低外部投入。根据传统以及现代科学知识，病虫害控制采用自然的方式和物质进行控制，以提高农业产量和疾病抵抗能力。有机农业坚持全球公认的原则，并在当地社会经济、气候和文化背景下实施”[③]。

食品法典委员会进一步规定：“有机农业是支持环境的多种方法之一。有机生产系统是基于特定的和精确的生产标准，旨在实现社会、生态和经济的可持续发展的最优农业生态系统。‘有机’是一个标签术语，表示该产品按照有机生产标准进行生产，并经组建机构或主管部门认证”[④]。

在有机农业类别中，未认证的有机农业产品是采用有机方法制造，但是没有经过由第三方认证。另一方面，认证的有机农业产品是根据有机标准进行生产和加工，并经第三方(即认证机构)检查和认证。认证机构通常允许对货物采用标签，

---

① 国家安全委员会(2005)。环境的术语表，可查询：www.nsc.org/ehc/glossar2.htm

② 全球环境资源行动中心(GRACE)(2005)。可持续性介绍：可持续字典，可查询：www.sustainabletable.org/intro/dictionary/#s

③ 国际有机农业运动联合会(2004)。全球有机农业：国际有机农业运动联合会目录的成员组织和同事 2005。诺因基兴，德国。国际有机农业运动联合会。

④ 粮农组织/世卫组织食品法典委员会(2001)。有机食品生产、加工、标签和营销的法典导则。GL 32 - 1999，第 1 版- 2001。罗马，粮农组织、世卫组织。

以表明这种积极的评价。

如果农业符合委员会条例(EEC)号：2092/91，那么农业即在欧盟层面被认定为有机的。本条例已经过多次修改，特别是在 1999 年，当时委员会拓展了有机农业的范围，以覆盖有机畜牧业生产(编号：1804/99)。2004 年 6 月，欧盟委员会采用了“欧洲有机食品和农业行动计划”，目的是通过 21 项具体的政策措施促进有机农业在欧盟的可持续发展[①]。

如何查找有机农业?

有机农业是 NACE 1 “农业”的一部分。有机农业产品也经过了处理和转换，因此应该属于 NACE 15“食物和饮料制造”类别。

有机农业或有机农业产品数据可以从专家机构(例如国际有机农业运动联合会)、认证机构和其他机构获得，以及通过互联网和文献进行搜索。

必须强调的是：有机农业产品的范围已经迅速扩大到有机食物和饮料之外的类别。今天的消费者可以购买有机的宠物食品、化妆品、清洁产品、纺织品甚至床垫。对于已加工的认证有机农业产品，为了使产品能够获得最终认证，其生产、加工、储存和运输的各个阶段都必须认证为有机的。

再生能源

> 再生能源是一种改良品。
>
> 在能源生产行业，所有生产再生能源的设备都是一个综合技术，即资源节约型技术。

“再生能源”的定义：国际能源署 (IEA)[②]

国际能源署的再生能源定义包括以下类别：

- 水电：在水电站把水的势能和动能转换成电能。它包括各种规模的水电站，不管其规模的大小。
- 地热能：地壳内通常以热水或蒸汽的形式释放的热能，也可以作为能源。在合适的地点，地热能可以开发转换为电能，或直接为区域供暖和农业等供热。
- 太阳能：太阳照射可以用来生产热水和发电。不考虑用于直接加热、制冷、住宅照明或其他被动式的太阳能用途。
- 风能：风的动能可以通过风车进行发电。

---

① 欧盟统计局：欧洲有机农业，统计焦点，31/2005, KS-NN-05-031-EN-N.

② 资料来源：经合组织/国际能源署(2007),全球再生能源供应。

· 潮汐/波浪/海洋能：源于潮汐运动、波浪运动或海流的机械能量，可用来发电。
· 固体生物质：包括可以用作产热或发电燃料的、源于生物的有机非化石物质。
· 木材、木材废料、其他固体废物：包括专门种植的能源作物(杨树、柳树等)、工业过程产生的大量木质材料(尤其是木材/造纸工业)或由林业和农业直接提供的大量木质材料(木柴、木片、树皮、锯末、刨花、小木片、造纸黑液等)以及如稻草、稻壳、花生壳、家禽粪便、碎葡萄渣滓等废物。
· 木炭：包括木头和其他植物材料经过干馏和热解产生的固体残渣。
· 沼气：主要由生物质厌氧分解产生的甲烷和二氧化碳组成的气体，燃烧后能够产生热量和/或电力。
· 液态生物燃料：生物质转换的生物液态燃料，主要用于运输方面的应用。
· 城市垃圾(可再生能源)：城市废物能源包括住宅、商业和公共服务部门产生的废物，并且可在特定设施内进行焚烧产生热量和/或电力。可再生能源部分由生物可降解物质燃烧的能源值来确定。
· 可燃再生物质和废物(CRW)：有些废物(废物中的非生物降解垃圾部分)不能视为可再生物质。然而，再生能源和非再生物质之间通常无法进行适当的分离。

“排放交易指令”中的生物质精确定义

在“排放交易指令”中[①]，提供了一个被认定为是生物质的清单。以下所列的泥炭和化石类材料不得作为生物质。该清单包含：

· 植物和部分植物(稻草、干草和草、树叶、木材、根、树桩、树皮和作物，如玉米和黑小麦)。
· 生物质废弃物、产品和副产品(工业废木材，例如木工和木材加工操作产生的废木材以及木材行业产生的废木材)。
· 已使用的木材，例如已使用的木材和木材产品以及木材加工行业产生的产品及副产品。
· 纸浆造纸行业产生的木质废物，例如只含生物质碳的纸浆黑液。
· 纸浆生产过程中产生的粗浮油、浮油和沥青油。
· 含有木质纤维素的植物加工产生的林业残留物、木质素。
· 动物、鱼类和食品餐、脂肪、油和脂、食品和饮料生产的主要残留物。
· 植物油脂。
· 肥料。

① 2006 年 11 月 23 日欧洲委员会决定根据欧洲议会和理事会指令 2003/87 / EC 制定了温室气体排放监测和报告指南。

- 农业植物残留。
- 污水污泥。
- 生物质消化、发酵或气化产生的沼气。
- 港口污泥和其他水体淤泥和沉积物。
- 垃圾填埋区产生的气体、木炭。
- 混合材料的生物质部分(水体漂浮货物中的生物质部分管理)。
- 食品和饮料生产混合残留物中的部分生物质、复合材料中的部分生物质。
- 纺织废物中的部分生物质。
- 纸、硬纸板、厚纸板中的部分生物质。
- 城市垃圾及工业废物中的部分生物质。
- 含有化石碳的纸浆黑液中的部分生物质。
- 已处理的城市垃圾及工业废物处理中的部分生物质。
- 乙基叔丁基醚(ETBE)中的部分生物质和生物丁醇中的部分生物质。
- 组成成分和中间产品都产自生物质的燃料(生物乙醇、生物柴油、醚化生物乙醇、生物甲醇、生物二甲基乙醚、生物油——裂解油燃料和沼气)。

生态标签，一种识别改良品的方法

环境货物和服务部门范围内的改良品内涵显示了它们的实际标识和查找数据源，可用于检索这些货物的营业额、增加值、就业和出口额。

改良品是指与具有类似效用的同类常规产品相比，在消费和/或废弃(清洁产品)时具有更低污染，或在生产或使用过程中更具有资源效率的产品。

有些货物很容易确定为改良品，例如再生能源(因为它在生产时避免使用化石能源)、回收利用物品和回收物品(因为它们避免利用自然资源)、生物可降解的肥皂(因为它们在消耗和废弃方面比正常清洁剂污染更低，或者能够使电器能源消耗更低，因而它们在使用过程中更节约资源)。

改良品类别可以包含所有类型的产品，只要该产品符合在提供类似的活动时具有低污染和/或更节约资源特征的定义。这意味着在理论上，每一种消耗品都可能存在改良品。例如，对于家用电器和汽车就是如此，比普通的同等冰箱消耗更低能量的冰箱就是一个改良品，比普通的同等汽车消耗更低燃料的汽车也是一个改良品。

为了界定改良品，如何确定普通的同等产品?

生态标签是识别对环境影响较低产品的一种可行的解决方案。生态标签是用于消费品的标签制度，用于避免消费和/或生产对环境的不利影响。生态标签可以考虑同类产品的各个环境方面，例如能源效率、污染和毒性。

只有少量的产品需要强制性环保标签。对于市场上的大多数产品，生态标签是自愿采用的，这意味着生态标签不是法律强制要求的。

一般来说，两个主要类型的生态标签可以分为：

· 比较标签：环境绩效的关键信息(例如能源消耗、二氧化碳排放)标识用于进行对比。环境效率也可以通过额外措施(例如一颗星、一个字母、一种颜色或任何其他类型的效率评价)来显示。当所有产品都要求采用这类标签时，这类制度的实施效果最好(这样可识别较差的实施者，消费者易于区分这类产品)。在澳大利亚、欧洲、美国和加拿大以及一些亚洲国家或地区(例如菲律宾、中国香港、泰国和韩国)的家电和汽车上的标签就属于这种类型。

· 认证标签：通过对符合或超过一些已制定标准的产品提供一个“批准印章”，可以帮助消费者区分一系列类似的产品。供应商参与这些计划往往是自愿的，认证标签往往不会透露出太多的环境绩效信息(这类信息通常可以通过认证产品清单获得)。这是一个认证体系，该体系按照宗旨“我们知道什么是好的，请相信我们”进行运作。如果市场只有有限的部分产品采用这种认证，这种制度能够运作良好。认可标签的主要例子包括：美国环保署用于办公设备的“能源之星”计划(但是这种标签变得如此普遍，以至于更好的产品已失去优势)、现在已被多个欧洲国家采用的瑞士节能2000(E2000)计划(用于办公设备和电器)、加拿大的电力智能化、美国的绿色印章(环境)以及德国的蓝色天使(环境)。最低性能标准可能基于一系列的标准，例如能源消耗和能源效率。它们倾向于设定目标：前 10%~40%的实施者能够实现产生最大市场影响的认证。

能源标签

生态标签针对的主要环境关注点之一就是能源效率。

在欧盟内部，根据多个不同的欧盟指令[①]，大多数白色家电、灯泡包装和汽车都必须具有欧盟能源标签，以清楚地显示出售或出租时间。电器的能源效率根据在标签上标识能源效率类别：A~G 来确定，A 级是最节能的级别，G 级是最低能效级别。该标签可以为用户提供其他有用的信息。为了跟上能效方面的技术改进，生产商本身为制冷产品引入了 A +和 A+ +等级。

以下产品强制采用欧盟能源标签：

· 冰箱、冰柜和组合电器。

· 洗衣机、滚筒式烘干机和组合电器。

① 例如：92/75/CEE, 94/2/CE, 95/12/CE, 96/89/CE, 2003/66/CE.

· 洗碗机。
· 烤箱。
· 热水器和热水存储设备。
· 空调。
· 灯泡。
· 汽车(对于机动车辆,二氧化碳排放量标识采用g/km行程,而不是kWh/km)。

原则上，其他产品即使不是强制性的，也可以采用能源标签。例如，欧洲自动售货协会宣布：该协会已经针对自动售货机采纳了一项能源消费计划。制造商将采用用户友好的和透明的方式，来标注设备的能耗等级。

最高能效类别的所有产品(例如 A 或 A++)都应该作为改良品。

其他环境方面

某些生态标签计划旨在帮助消费者在选择环境货物时考虑到不同的因素，例如能耗、物料消耗、废物处理、毒性等。

例如欧洲生态花卉标签就是此类标签。

该标签是一个自愿计划，旨在鼓励企业营销更环保的产品，并使欧洲消费者包括公共和私人购买者易于识别它们。

欧盟生态标签由欧盟生态标签委员会(EUEB)管理，并得到了欧洲委员会、欧盟和欧洲经济区(EEA)所有欧盟成员国的支持。生态标签委员会由来自产业、环保团体和消费者组织的代表组成。

目前已有 23 个不同的产品类别，250 多个许可证已经授予了几百种产品。

可以认为这些产品比同等的正常产品(即没有生态标签的产品)更环保，因此，可以认为是改良品。

还有一些由私营企业管理的其他生态标签计划，例如北欧的天鹅标签。

北欧部长理事会于 1989 年引入了北欧天鹅自愿生态标签，以鼓励采用能够限制环境影响的生产方法。现在该标签已经成为一个最著名的欧洲环保标签，并已经越来越多应用于北欧以外的国家。在行业的密切合作和技术输入情况下，标准制定的交叉利益相关方性质确保了消费者、政策制定者、企业和非政府组织的高水平“补充”。

对于改良品中具有生态标签的产品建议

生态标签能够提供识别改良品和方式。对于比较标签，改良品应该被视为顶级产品(最好的环保执行者)。对于认证标签，所有的产品应该视为改良品。应该注意市场内大多数产品授予标签的情况(例如对于“能源之星”标签)。在这种情况下，生态标签不再有助于识别改良品。

提供一个详尽的生态标签产品清单是不可能的。首先，努力应转向全欧盟强制采用生态标签的产品。例如，对于必须显示欧盟能源标签的产品就是如此。应该挑选出属于最高能源效率类别的产品作为改良品，并划分为 CReMA 13b 的“节热/节能”类别。在整个欧洲范围内，汽车也显示同样的能源标签。所有最高能效级别的汽车都应该划分为 CEPA 1 和 CReMA 13b 中的改良品。

已经授予生态标签和所有其他产品都可视为改良品。由于生态标签考虑了多个环境问题，这些产品的分类可能会出现困难。每个生态标签的详细说明都可以提供该标签方案所针对的主要环境问题的信息。

附件6　世贸组织的环境货物清单

世贸组织编制了环境货物意见汇总[①](以下简称“世贸组织草拟清单”或“世贸组织清单”)，包含了加拿大、欧洲共同体、日本、韩国、新西兰、卡塔尔、瑞士、中国台北和美国提交降低关税的谈判材料时所列出的一组“环境货物”中的所有货物[②]。

总的来说，世贸组织草拟清单包含了 480 个条目。每个条目都包含了货物及其 HS 编码和一个简短说明。每个条目都有一个 HS 标题和子标题(采用 2、4、6 位数字的标题)。但是，有 37 个条目没有 HS 编码(条目 444~480)。因此，该清单是大大超过经合组织/欧盟统计局手册(1999)中的清单和亚太经合组织清单[③]，以及经合组织和亚太经合组织的综合清单。事实上，这两个清单中的所有条目都包含在世贸组织草拟清单中。

成员国已经采用了这些类别作为编制产品目录的工具，其目的或功能可能没有 HS 编码明显，但是有助于说明环保目的，以证明所有清单中的货物内容[④]。这些类别可以直接或间接参照经合组织/欧盟统计局手册(1999)所采用的分类。

世贸组织成员国采用的类别首次分析显示：54%的条目属于污染管理范围内；21%属于资源管理；25%的条目参照了清洁产品和技术(CP/T、环境产品(EPP)以及高环境绩效或低环境影响(HEP))。欧盟建议这一类别包括以下八个子类别：其他编结用植物材料、纤维状纤维素材料纸浆、植物纺织纤维、其他天然产品、可持续农业和园艺(有机肥料、自然虫害控制)、能源效率(低能耗的灯泡)、可持续交通(人员的公共交通/货物运输、其他形式的可持续交通)以及生态标签产品。遵循本

① 由世贸组织秘书处提供的关于环境货物和非正式脚注的意见汇总，TN/TE/W/63,2005 年 11 月 17 日。

② 世贸组织草拟清单 2005 包含 CPC、ISIC 和 NACE 第 1.1 版代码中的各种产品，以建立这些产品和生产这些产品的行业之间的联系。

③ 亚太经合组织以经合组织/欧盟统计局环保行业手册(1999)为基础，已经制定出了 APEC 清单。

④ 加拿大, TN/TE/W/50/Suppl.1，第 3 段。

手册包含的以下指南，世贸组织清单中标记为 EPP 和 HEP 的大部分产品都可能被认为是改良品。

环境货物清单?

根据本手册中的定义，世贸组织清单中的大部分产品不属于“环境”货物。

该清单包含了一些末端处理技术和综合技术、单用途环境产品和改良品。另外，清单的其余部分还包括用于末端处理技术中间消耗的产品(例如污水处理设备采用的化学品)，以及由于专门用于环境保护和资源管理的目的而不能被定义为单用途环境产品的货物。有些产品由于不属于本手册的定义范围，所以不属于环境货物。例如自然风险管理或资源不包括在本手册的自然资源领域的。有些产品不能简单划分为环境货物，例如火车和与修建铁路相关的所有材料。

表 A6.1 包含了根据本手册采用的定义和分类以及世贸组织清单中可以认定为环境货物的条目。

表 A6.1　世贸组织清单中的环境货物

世贸组织清单条目	说明	备注	EGSS 环境领域
1, 2	除虫菊	除虫菊酯是一种天然(不是合成)的农药。然而这对野生动物(不能在 CEPA 6)仍然是危险的(有毒)。其生产过程也是低资源密集型，也节省了化石资源。所以它可以说是 CReMA 13c 中的一种改良品。	CReMA 13c
5.6, 50	植物和动物蜡	植物蜡的生产也是低资源密集型，并保护了化石类资源。它们可能是 CReMA 13c 中的改良品。	CReMA 13c
7	硅藻土	因为用作天然农药的硅藻土对野生动物无毒，所以它可以视为 CEPA 6 中的一种改良品。但是，因为它的生产用于环境保护或资源管理的其他用途，对于所有其他用途，它并不是一个单用途环境产品。	CEPA 6
17, 18	液化天然气和液化石油气	当用作机动车辆燃料的液化天然气和 GTL(天然气合成油)液化石油气，可以认为是改良品，因为它们减少了空气排放量，例如汽车。	CEPA 1
38	过氧化氢	可用于多种目的，例如，清洗、微生物农药、造纸漂白。因为 H_2O_2 在环境分解为水和氧气，所以它是其他化学物质的更清洁替代产品(改良品)。	CEPA 2
39-41	甲醇	甲醇是一种低污染燃料，产生活性烃和有毒化合物的排放量低。它在生产生物柴油中也是一种组成成分，根据国际能源署的定义，生物燃料应该视为再生能源(改良品)。	CEPA 1, CReMA 13a
44-45	动物或植物化肥	因为有机肥料可以作为合成化肥的替代物，所以它们都属于改良品。	CEPA 4
46	蔬菜或动物来源的色素	因为来源于植物或动物的色素可以减少废物，所以它们属于 CEPA 3 中的改良品，或者，因为它们减少化石资源的开采用于生产合成色素，所以它们属于 CReMA 13c。	CEPA 3, CReMA 13c
47	植物油制造的天然肥皂	天然肥皂由植物油制成，是生物可降解的。它们属于 CEPA 2 中的改良品。	CEPA 2

续表

世贸组织清单条目	说明	备注	EGSS环境领域
48, 57	化学消油剂	化学物质(表面活性剂和溶剂的混合物)将海上/水表面石油转换成小液滴，分散在水柱中达到低浓度，降低了对野生动物的影响，并加快自然分解过程。化学消油剂属于CEPA 4中的单用途环境产品。	CEPA 4
49	生物可降解的表面活性的准剂，用于乳化水或土壤中的碳氢化合物	用于乳化水或土壤中碳氢化合物的可生物降解的表面活性剂属于CEPA 4中的单用途环境产品。	CEPA 4
53	生物病虫害控制试剂	生物病虫害控制是CEPA 4和CEPA 6中的一种专项环保服务(这取决于它是否能够替代污染土壤或对野生动物有害的杀虫剂和农药)。生物病虫害试剂都属于单用途环境产品。	CEPA 4, CEPA 6
57	生物柴油	生物柴油属于 CReMA 13a再生能源组别中的改良品。	CReMA 13a
57	硝化抑制剂	硝化抑制剂可以通过限制铵的微生物转化成硝酸盐，从而形成气态的氮和氮氧化物(一氧化二氮是一种温室气体)，防止氮浸出、化肥和/或牲畜的尿液进入土壤。这些都属于CEPA 4和CEPA 1中的单用途环境产品。	CEPA 4, CEPA 1
58	天然聚合物	天然聚合物可以是CEPA 3中的改良品(因为它们可减少废物处置问题)，也可以是CReMA 13c中的改良品，因为它们可减少化石资源的开采量。	CEPA 3, CReMA 13c
67, 72	室外应用的隔音板和防护屏	隔音板和防护屏都属于CEPA 5中的单用途环境产品。	CEPA 5
68-71, 73	塑料防渗膜	用于土壤保护、防水、土壤的抗侵蚀的塑料防渗膜属于CEPA 4中的单用途环境产品(或末端处理技术)。	CEPA 4
75.76, 145, 146	无水便池、干厕所	无水便池和堆肥厕所是CReMA 10 和/或CEPA 2中的改良品。	CReMA 10, CEPA 2
77	太阳能集热器	太阳能集热器和太阳能系统控制器都是用于再生能源生产的综合技术(CReMA 13a)或用于生产热量的综合技术(CReMA 13b)。	CReMA 13a, CReMA 13b
78	浮栅	用于抑制石油泄漏的浮栅属于CEPA 4中的单用途环境产品。	CEPA 4
81	天然橡胶	天然橡胶属于CReMA 13c中的改良品。	CReMA 13c
60-63, 79, 80, 159-163, 189-191, 195	废物与废料	废物与废料涉及废物治理相关的活动。因此，生产这些产品的活动作为专项环保服务包含在CEPA 3中。	CEPA 3
102	植物纤维	如果制造植物纺织纤维的资源出于本手册中的资源管理，那么该植物纺织纤维属于改良品。因为它们是生物可降解的，所以它们可以是CEPA 3中的改良品。	CEPA 3
113-115	毡制品	合成材料制成的、用于隔音的床垫属于CEPA 5中的单用途环境产品。	CEPA 5
121-122	渔网	如果制成的渔网包含海龟逃脱器，则属于改良品。	CEPA 6
132, 133, 154, 155	矿物质和其他用于绝缘的材料	渣棉、岩棉和类似矿物棉、有孔粒料、膨胀黏土、泡沫矿渣和类似膨胀矿物材料、用于绝热的混合物和物品、隔音或吸音的矿物材料。只有当这些绝热物品可以明确划分为环境保护或资源管理目的时，它们才属于CEPA 5 或 CReMA 13b中的单用途环境产品。	CEPA 5, CReMA 13b
134	化粪池	化粪池属于CEPA 2中的单用途环境产品。	CEPA 2
150	多层绝缘单位的玻璃	多层绝缘单位的玻璃属于CEPA 5 和 CReMA 13b中的单用途环境产品/改良品。	CEPA 5, CReMA 13b

续表

世贸组织清单条目	说明	备注	EGSS 环境领域
166, 168-169, 302-304	废物产生的能量	当废物产生的能量符合再生能源定义时，应该记录为 CReMA 13a 中的改良品(这意味着这类废物必须包含生物质)。	CReMA 13a, CEPA 3
183	太阳能炉灶	太阳能炉灶属于 CReMA 13b 中的改良品。	CReMA 13b
206, 208, 249	蒸馏或整流装置	用于沼气生产的设备属于用于再生能源生产的综合技术。	CReMA 13a
216	工业消声器和发动机消音器	工业消声器和发动机消音器属于末端处理技术。	CEPA 5
218-221	水力涡轮机	水力涡轮机和水车都是用于再生能源生产的综合技术。	CReMA 13a
227	风力泵系统	因为风动力泵系统可节省能源，所以它们是综合技术。	CReMA 13b
240, 250, 309, 311	热泵	热泵是以更有效的方式生产热量的综合技术。	CReMA 13b
244, 245, 322-325	废物焚化炉	废物焚化炉属于用于废物治理的末端处理技术和再生能源生产的综合技术。	CReMA 13b, CEPA 3
247	太阳能热水器	太阳能热水器属于综合技术，通过再生能源生产出的热量用于减少化石类燃料的消耗。	CReMA 13b
249	溶剂回收装	溶剂回收装置 CEPA 3 中的综合技术。	CEPA 3
249	海水淡化系统	海水淡化系统 CReMA 10 中的综合技术。	CReMA 10
286	沥青回收设备	沥青回收设备属于 CReMA 13c 中的综合技术。	CReMA 13c
295	水龙头	可以减少用水量的水龙头属于 CReMA 10 中的改良品。	CReMA 10
310- 314	电动机	作为再生能源生产的电机属于 CReMA 13a 中的综合技术。	CReMA 13a
341-342	荧光灯	与其他所有低能耗灯具一样，荧光灯属于 CreMA 13b 中的改良品。	CReMA 13b
344	太阳能电池	太阳能电池属于 CReMA 13a 中的单用途环境产品，用于再生能源生产。	CReMA 13a
360-362	电动汽车	电动混合动力车辆属于 CEPA 1 中的改良品。	CEPA 1
363	堆肥系统	堆肥系统属于 CEPA 3 中的末端处理技术。	CEPA 3
364	废物处理交通工具	废物处理交通工具属于 CEPA 3 中的末端处理技术。	CEPA 3
367	消音器和排气管	S 消音器和排气管属于 CEPA 5 中的末端处理技术。	CEPA 5
382-383	驳船	充气浮油回收驳船属于末端处理技术。	CEPA 4
384-385	镜子	用于太阳能生产的镜子属于 CReMA 13a 中的单用途环境产品。	CReMA 13a

CP/T、HEP、EPP 分组的分析：改良品？

根据本手册，环境货物可分为两组：环境保护和资源管理。这两类可以进一步细分为不同的领域，包括清洁/节约资源型的技术和货物(即改良品和综合技术)。改良品的定义比较宽泛，是指与能够提供相同功能的同类产品相比，具有更低污染和/或更节约资源的产品。因此，这个定义不仅涵盖世贸组织草拟清单上标记为 CP/T 的产品，还包括大量 EPP 和 HEP 类别的产品。

世贸组织草拟清单包含了138个CP/T、HEP、EPP组别中的条目。根据本手册的指导，其中50个条目没有予以考虑，主要提及可持续交通(例如自行车、火车和船只)。剩下的88个条目在本手册建议的上述两个主要类别，即环境保护和资源管理中重新进行了分组。

天然农药、杀虫剂和化肥被定义为CEPA 4(保护和修复土壤)中的改良品。根据SEEA规定，天然农药和杀虫剂还可以归类为CEPA 6“生物多样性和景观保护”，而化肥的分类则要取决于是否能够减少土壤中的污染或对野生动物危害更低。

世贸组织清单中被认为是生物可降解或天然的所有产品都是从废物处置的角度来考虑的，因此，划分为CEPA 2和3组。有些植物产品被认为能够减少化石资源的使用，因此，划分为CReMA 13c组。

因为更清洁的燃料有助于减少空气污染，所以它们属于CEPA 1组。根据国际能源署的再生能源定义，生物柴油属于CReMA 13a中的一部分。再生能源生产必不可少的发电机和其他设备属于CEPA 13a中的综合技术。

再生纸是属于CReMA 11b中的改良品。

无水便池和堆肥厕所可减少水的使用量，所以它们属于CReMA 10中的改良品。

所有电器都划分为CReMA 13b组：实际上，这些产品应该比提供相同功能同类产品，具有更低污染和/或更节约资源的特征。因此，它们都是改良品。

结论

世贸组织草拟清单比其他任何环境货物清单所包含的条目数都要多。美国认为秘书处编译的文件已经变得太大而无法管理[①]。同时，多个代表团也质疑有些产品的直接环境效益。正如实际情况那样，某些产品很难分类为环境货物。许多其他产品只在一定程度上可划分为环境货物。

即使只考虑根据本手册中的定义可以完全视为环境货物的产品，世贸组织清单还是很长。原因之一就是没有一个确定的定义依据，各成员国都将大量的产品列为环境产品。另一个原因就是为了使谈判能够达成积极的结果，该清单还插入了发展中国家具有极大兴趣的一些标记为EPP或HEP的产品。

只要清单所列举的都是环境货物，清单的规模不应被视为一个问题。尽管如此，世贸组织草拟清单还包含了经合组织/欧盟统计局手册(1999)中的所有产品，

① 世贸组织，继续根据《多哈宣言》第31(III)段开展工作，由美国提交，第31(III)段、TN/TE/W/64，2006年2月20日。

以及大量的CT/P、HEP、EPP类别的产品。原因就在于为了能够与发展中国家在环境货物关税自由化方面达成积极的谈判结果。这些类别中的大部分产品无疑都是环境货物(主要是改良品)。然而，该清单并不详尽。根据经合组织的报告，一半的环境货物可能在未来十年中不会投入使用[①]。有人建议：商定的环境货物清单应该考虑“正在使用产品的清单”[②]，并且应该设定一个更新和拓展清单的程序[③]。这将有助于反映环境行业和技术变化的真实发展情况，并鼓励有关领域中的科技创新，在该领域中，技术进步是成功解决环境挑战的关键[④]。为了便于统计，这意味着环境行业群体应该经常认真地进行更新。

需要予以警惕的是：由于没有就环境货物的定义达成一致，该清单只是一个协商清单，因此会受到“贸易政策”的限制；另外，该清单不是详尽的清单，这也并不令人惊讶。无论怎样，该清单也是一个有用工具，它提供了一些例子可用来完成环境行业统计群体的编制。与经合组织/欧盟统计局手册(1999)中的清单一起，世贸组织清单可以作为一个起点，来识别环境企业，完成群体识别，并进行检查。

就其作为环境货物贸易统计数据的查找工具的有效性而言，其前景是不乐观的。当只考虑由本手册所认定的环境货物，至少有两项限制条件使其对于统计并非很有用。

首先，该清单基于六位数的 HS 命名法。该分类的详细程度不足以获得环境产品。事实上，为了更好地确定这些被认为是环境货物应该列在哪个特定的 HS 标题下，该清单上的大多数条目都提供了例子。这样使得直接采用 HS 编码和外贸统计数据，来可靠地估算出环境货物的贸易情况变得非常困难。

因此，可以得出结论：该清单可以作为一种建立环境行业群体的工具来充分利用。现已有多个100%环境产品的HS六位数条目(例如风车，HS 850231)。当这些条目并非完全来自致力于环境保护的企业时，它们可以用来获得这类产品的可靠统计数据。

因此，该清单包含的和基于 HS 编码的产品统计数据可以视为环境货物贸易

---

① 经合组织(1998年)，《全球环境产品和服务行业》，经合组织出版，巴黎。

② 《新西兰提案：“环境产品”》，2005年2月10日，TN/TE/W/46，第13~18段，“环境货物”；2005年5月26日，TN/TE/W/49，第6段，“环境货物”；2005年6月10日的贸易与环境特别委员会非正式会议声明；2005年6月16日的补充，TN/TE/W/49/Suppl.1，第23段。

③ 新西兰，TN/TE/W/46，第16段；欧洲共同体，N/TE/W/47，第16段和“欧洲委员会关于环境货物的提案”，2005年7月5日，TN/TE/W/57，第1段；瑞士，TN/TE/W/57，第16-17段。就这方面的先例而言，1996年信息技术产品贸易的部长宣言和乌拉圭回合的医药产品贸易“零对零”倡议，都是在这些协议所涵盖的产品清单需要与技术突破保持同步，并且能够对此做出响应的前提下制定的。

④ “环境货物的最初清单”由美国提交，2005年7月1日，TN/TE/W/52，第4段；欧洲共同体，TN/TE/W/47，第7段；以及“欧洲委员会关于环境货物的提案”，2005年7月5日，TN/TE/W/56，第1段。

价值的极限值(最大)。为了获得更精确的统计数据(至少是该清单上的产品)，需要对各个 HS 编码进行详细的调查，以评估各个 HS 编码中“环境”份额。

世贸组织草拟清单的使用建议

上文强调了意识到通过谈判制定的清单在用于谈判时存在局限的重要性。降低环境产品关税谈判的利益远远超出了环境产品本身。这些都反映在该清单的组成上。尽管如此，该清单仍然有用。它可以作为识别和完成环境部门统计群体编制的一个工具。为此，该清单提供了比经合组织/欧盟统计局环境产业手册清单更多的产品。然而，需要注意的是那些根据本手册定义不属于“环保”类别的产品。

对于环境行业的估算数据，为了能够找到那些货物的统计数据，通过代码(HS 等)可以识别的环境货物太少。所有其他货物的环境份额估算都应该在货物基础上进行，这将会非常耗时，并需要专家的建议。对于具有 100%环保 HS 编码的一些货物[①]，查找其统计数据会相对容易些。

附件 7　德国的环境货物和服务清单

自从 1996 年以来，德国已经开展了一项针对环境货物和服务生产商的调查。这项调查针对主要的环境货物和服务的生产商。环境保护是指用于减排的产品、施工运营和服务。减排是指避免、降低或消除生产和消费对环境造成的破坏性影响。他们参考了环境领域的“废物治理”(CEPA 3)、“水保护”(CEPA 2，但是，部分 CEPA 4 参考了地下水和地表水)、“噪声”(CEPA 5)、“空气质量控制”(CEPA 1.1.1 和 1.2.1)、“自然和景观保护”(CEPA 6)、“土壤净化”(部分 CEPA 4 参考“土壤”)和“气候保护”(CEPA 1.1.2 和 1.2.2，但是也包括 CReMA 13a 和 13b)。

该清单由统计局在与行业协会和大学协商的基础上制定。货物细分为三种类型：环境货物、环境服务和施工工程，因此符合经合组织/欧盟统计局环保行业手册。每个货物都有一个五位数代码。第一个数字表明类别(货物、服务或施工工程)。然后根据货物主要的组成材料进行区分，组成材料是由第二位数字构成。例如对于货物而言，0 是指纺织类，1 是指木材类等。第三位数字是指环境领域。货物可根据经合组织/欧盟统计局环保行业手册，也可采用 SERIEE 方法，归类到各个环境领域中。最后两位数字与活动种类相联系(计划、测量、工艺控制等)。

在表 A7.1~表 A7.3 中，大部分的货物都增加了一个 PRODCOM 代码，从而易于识别。但是需要注意的是：在多数情况下，PRODCOM 代码包括不属于环境类的货物。这些表格中都增加了一个“备注”栏，以解释根据本手册的定义，该

---

① 这种情况针对于采用生态技术进行分析的产品 (2002)。

产品是否属于环保类货物。

表 A7.1　德国环境保护商清单

PRODCOM 编码	说明	备注：是否属于环境产品？如果是，属于哪一种环境产品？
废物治理：废物治理涵盖了避免、利用和清除《促进废物治理封闭式物质循环与确保环境兼容的废物处置法案》(KrW-/AbfG)中定义的废物。该类别与 CEPA3 相匹配		
	用于废物处理的过滤器纺织品	单用途环境产品
2051 14 590	废木料堆肥仓	单用途环境产品
	化学物质、碱性化学物质、用于废物治理行业的制剂	不属于环境货物
2522 15 850; 2523 13 030 2522 15 860; 2524 23 290	塑料废物容器	单用途环境产品
2121 12 500; 2522 1 2522 11 030; 2522 12 030 2522 12 050	废物袋	单用途环境产品
	用于垃圾填埋场的塑料设备，例如：填埋场衬垫和覆盖	单用途环境产品
1450 23 800 2666 12 009	玻璃、陶瓷、矿物和水泥、用于废物治理的产品，例如用于垃圾填埋场的干黏土	不属于环境货物：它无法区分用于垃圾填埋场的干黏土和用于其他用途的干黏土
2821 11 503; 2871 11 008 2875 12 498	金属废物容器	单用途环境产品
	金属废料筛和格栅	单用途环境产品
	废物转移装置	单用途环境产品
2956 22 350	废物干燥装置	单用途环境产品
2922 16 50; 2922 17 950 2922 18 770	废物运输设备	单用途环境产品
2956 25 979 3320 65 590	用于废物分级、分离、过筛和分拣的机械和设备	末端处理技术
2956 25 979	废物重组和粉碎设备	末端处理技术
2942 34 300; 2956 25 979	用于废物烧结、制粒和混和的设备	末端处理技术
	用于生物废料处理设备的机械和设备	末端处理技术
2862 30 650; 2971 21 500 2971 21 800; 2956 25 979 2956 26 509; 3720 14 301 3720 20 104; 3720 21 126 3720 24 703; 3720 25 138	用于生活垃圾的机械/生物处理的设备	末端处理技术
2924 21 303 2924 40 779	污水热处理设备	末端处理技术

续表

PRODCOM 编码	说明	备注：是否属于环境产品？如果是，属于哪一种环境产品？
2921 12 500; 2921 13 550 2924 21 30; 2924 21 303 2924 21 309; 2924 40 730 2956 25 979	化学废物处理设备	末端处理技术
	垃圾填埋场渗滤液处理设备	末端处理技术
2924 23 370; 2924 23 370 3210 62 690	测量和分析废物的仪表	不属于环境产品
2924 22 530; 2924 22 550	用于废物处理的工艺控制仪表，例如废物处理设备的计量装置	不属于环境货物
3410 4; 3410 54 901	处置车辆	单用途环境产品
2956 25 979; 3420 10 507 3420 21 007; 3420 21 009	车辆和车辆零部件	不属于环境货物
2956 25 976; 2956 25 979	吸尘器和真空吸尘器	单用途环境产品
2952 40 370; 2956 25 979 2956 23 85	用于垃圾填埋场的运输工具	单用途环境产品

水质保护：水质保护措施是指旨在减少废水量或废水负荷(减少或去除固体和可溶解固体，以减少的热量)和保护地表水和地下水的措施。用于闭路水系统的产品应该包括在内

PRODCOM 编码	说明	备注
1710 20 500; 1740 25 900 1754 38 509	用于废水处理的过滤器纺织品	单用途环境产品
	用于废水处理的纸滤器	单用途环境产品
2430 22 799; 2466 48 990	用于水质保护的化学物质、碱性化学物质和制剂	不属于环境货物
2521 21 705; 2523 15 580 2524 28 500	塑料污水管道和下水道的构件	不属于环境货物：废水管道不同于其他管道
2524 28 400	用于废水处理和塑料过滤器、筛和垃圾框	单用途环境产品
2924 52 550	用于废水生物处理设备的塑料制品，例如固定床	单用途环境产品
2523 13 030	用于水危害物质的塑料容器和盆	单用途环境产品
2640 13 000; 2661 12 009 2661 13 000	陶瓷或水泥污水管道和收藏器	单用途环境产品
1412 20 300; 2924 12 351 2924 12 355	用于机械废水处理设备的玻璃、陶瓷、矿物和水泥制品，例如滤波器衬垫	不属于环境货物
1422 12 100; 2615 26 900	用于防护水危害物质的玻璃、陶瓷、矿物和水泥产品，例如用于水危害物质的容器、油吸附剂	不属于环境产货物
2875 27 130	金属废水管道、管件、阀门和下水道构件	不属于环境货物：废水管道不同于其他管道
2722 10; 2821 11 309 2875 27 410; 2924 12 7	用于废水处理的金属过滤器、筛和垃圾框	单用途环境产品

续表

PRODCOM 编码	说明	备注：是否属于环境产品？如果是，属于哪一种环境产品？
2923 11 3	金属污水换热器	换热器是一种综合技术用于节热/节能（CReMA 13b）
2872 12 890	用于水危害物质和金属容器和盆	单用途环境产品
2912 24 130; 2912 24 150 2912 24 300; 2912 31 300	用于废水的泵和虹吸管	单用途环境产品
2912 24 300; 2922 18 770 2924 12; 2924 12 3 2924 12 351; 2924 12 355' 2924 12 355; 2924 24 708 2924 31 5; 2924 52 550 2956 25 979	机械污水处理设备	末端处理技术
2924 12 331; 2924 12 335' 2924 52 550	生物污水处理设备	末端处理技术
2924 12 3; 2924 12 331 2924 12 335; 2924 12 335 2924 12 355; 2924 31 530 2956 25 975	物理/化学污水处理设备	末端处理技术
2956 22 505	污水热处理设备	末端处理技术
2924 52 550	用于废水处理的设备和机械配件	单用途环境产品
2924 12 3; 2924 31 570 2956 25 975	用于污泥处理的机械和设备	单用途环境产品
2612 13 900; 2956 25 975 3320 52 830; 3320 53 5 3320 53 503; 3320 53 810 3320 53 830; 3320 53 890 3320 65 590; 3320 65 730 3320 65 890; 3340 23 590	用于废水的测量和分析仪表	不属于环境货物
	用于污水处理的工艺控制仪表，例如用于污水处理设备的计量装置	不属于环境货物
3410 54 901; 3420 23 09	用于运输废水和污水污泥的运输工具	单用途环境产品
噪声控制：噪声控制措施是指可减少或避免噪声和防止噪声传播的措施。振动保护措施应包括在内。只有出于工作安全原因，才需要对未生产的产品进行说明		
1740 25 900; 2052 15 550 1754 20 009	隔音纺织品	单用途环境产品
2030 13 030; 2051 14 590	木制隔声屏障	单用途环境产品
	木制声闸	单用途环境产品
2030 11 501	木制或软木隔音材料	单用途环境产品
2052 13 700; 2052 14 000	软木振荡阻尼器或隔间材料	单用途环境产品
2523 15 909; 2524 22 300	用于隔音的塑料制品，例如噪声屏障、隔音材料	单用途环境产品

续表

PRODCOM 编码	说明	备注：是否属于环境产品？如果是，属于哪一种环境产品？
2513 73 470; 2513 73 609	塑料振荡阻尼器	单用途环境产品
2614 12 930; 2661 12 002 2682 12 900; 2682 13 00 2682 16 300	用于降低噪声的玻璃、陶瓷、矿物和水泥产品，例如 Liapor 噪声屏障	单用途环境产品
2811 23 400; 2811 23 709 2956 25 979; 3430 30 900	用于隔音和金属产品，例如声闸	单用途环境产品
2924 54 000; 2956 25 979 3430 20 630	金属振荡阻尼器	单用途环境产品
3320 53 830	振动式频率计	不属于环境产品：它可以用于降低以外的其他用途
3430 20 630; 3430 12 008	车辆消声器	单用途环境产品
空气质量控制：空气质量控制措施是指除去、减少或避免排放物质中的非大气物质(烟雾、烟尘、粉尘、气体、气溶胶、蒸汽或难闻物质)的措施。只有出于工作安全原因，才需要对未被产出的产品进行说明		
1754 31 509; 1754 38 509	用于废气处理的过滤器纺织品	单用途环境产品
2430 22 530; 2466 46 600	用于废气净化装置的纸滤器	单用途环境产品
	用于空气质量控制的化学物质、碱性化学物质和制剂	不属于环境产品
2524 28 709	塑料材质的废气软管和面罩	不属于环境产品
1412 10 530; 2614 12 930 2682 16 300; 2682 16 700	用于通风工程和排气管道的玻璃、陶瓷、矿物和水泥产品	不属于环境产品
2722 10; 2722 20 500	用于通风工程和排气管道的金属制品	不属于环境产品
2923 11 3	金属废气换热器	单用途环境产品
2875 27 8; 2923 14 702	用于废气净化的金属制品，例如热分离器	单用途环境产品
2923 14; 2923 14 1 2923 14 130; 2923 14 409 2923 14 70; 2923 20 2923 20 300; 2924 52 5 2956 25 979	用于通风工程和废气排放和机械和设备	不属于环境产品
2923 11 500; 2924 52 530	用于废气和排放冷却的机械和设备，例如换热器、冷却塔	换热器是一种用于节热/节能的综合技术(CReMA 13b)
2921 12 900; 2921 14 2923 11 330; 2923 14 150 2923 14 701; 3162 13 905 3622 14 700	气溶胶和气体分离装置	末端治理设备
2923 14 150; 2923 14 200	从废气和尾气中分离固体和液体物质的设备	末端治理设备
3320 51 390; 3320 52 830 3320 53 1; 3320 53 130	用于废气和测量和分析仪表	末端治理设备

续表

PRODCOM 编码	说明	备注：是否属于环境产品？如果是，属于哪一种环境产品？
3320 53 190; 3320 65 790		
'3320 70 300 3320 70 900'	用于废气处理的工艺控制仪表，例如用于废气净化的计量设备	单用途环境产品
2923 14 403; 2923 20 2924 13 500; 2924 52 530; 3430 20 999	车辆排放的净化装置，例如催化转换器(不包括用于柴油发动机的油烟过滤器)	单用途环境产品
2923 14 403	用于柴油发动机的油烟过滤器	单用途环境产品
1421 12 305; 1430 1 1450 23 800	用于自然和景观保护的玻璃、陶瓷、矿物和水泥产品，例如两栖动物保护系统	不属于环境产品
	用于自然和景观保护的测量和分析仪表，例如用于植物/动物群分析的设备	不属于环境产品
土壤净化：土壤净化措施是指消除或减少土壤中危害环境的物质(根据化工产品法案第 3a 条)和制剂，防止土壤和地下水中的这类物质和制剂扩散的措施		
2941 11 950; 2952 24 000 2952 30 500	用于土壤净化的机械和设备	单用途环境产品
	用于土壤净化的测量和分析仪表	不属于环境产品
气候保护：气候保护措施是指避免或减少温室气体排放(根据《京都议定书》，温室气体包括：二氧化碳、甲烷、一氧化二氮、部分卤代氯氟化碳、全氟烃、六氟化硫)的措施。气候保护包括利用再生能源的措施和节能措施以节约能源或提高能源效率		
2020 13 380; 2030 13 030 2052 13 700; 2052 14 000 2052 15 300; 2052 15 550	用于隔热的木材或软木产品	用于节热/节能的单用途环境产品（CReMA 13b)
2430 22 60; 2430 22 605	用于气候保护设备的化学物质、碱性化学物质和制剂	不属于环境货物
2924 40 779; 4021 10 1	生物燃料和生物质汽车燃料的生产	改良品
2521 41 200; 2521 41 300 2521 41 500	用于隔热的塑料制品	用于节热/节能的单用途环境产品（CReMA 13b)
2612 12 700; 2612 13 300 2615 12 000; 2630 10 710 2662 10 507; 2665 11 00 2665 11 003; 2665 11 005 2665 11 007; 2665 11 009 2666 12 002; 2682 16 100 2682 16 800; 2682 16 900	用于隔热的玻璃、陶瓷、矿物和水泥产品	用于节热/节能的单用途环境产品（CReMA 13b)
2912 12 370; 2912 41 300 3110 32 501; 3110 61 005 4011 10 730	风力发电设备	用于再生能源生产的综合技术(CReMA 13a)
2911 21; 2911 21 500 2911 22 000; 2911 31 000 2911 32 000; 2912 12 3 2912 12 370; 2912 41 300 4011 10 720	水力发电设备	用于再生能源生产的综合技术(CReMA 13a)

续表

PRODCOM 编码	说明	备注：是否属于环境产品？如果是，属于哪一种环境产品？
2972 14 009	太阳热能发电设备	用于再生能源生产的综合技术(CReMA 13a)
3110 10; 3110 10 300 3110 10 950; 3162 13 905 3210 52 370; 4011 10 750	光伏设备	用于再生能源生产的综合技术(CReMA 13a)
4030 10 050	地热发电设备	用于再生能源生产的综合技术(CReMA 13a)
2924 40 730; 4030 10 030 4021 10 130; 4011 10 200 4011 10 300	沼气设备或生物质供热(供电)站	用于再生能源生产的综合技术(CReMA 13a)
4030 10 090; 4021 10 150 4021 10 150'	用于供电和供热的垃圾填埋气体和沼气设备	用于再生能源生产的综合技术(CReMA 13a)
2972 12; 2972 12 700	用于木材、作物或稻草的小型燃烧设备	用于再生能源生产的综合技术(CReMA 13a)
3110 31; 3110 31 300 3110 32 3	集中供热电站	用于节热/节能的综合技术(CReMA 13b)
2030 11 100; 2523 14 550 2812 10 3; 2812 10 5	用于低能耗/被动式的房屋等的产品	不属于环境货物
3320 52 890; 3320 65 730 3340 21 530	用于再生能源设备的测量和分析仪表，通用	不属于环境货物
	用于集中供热发电站的测量和分析仪表	不属于环境货物
3320 52 830; 3320 63 708	用于低能耗/被动式的房屋的测量和分析仪表	不属于环境货物
3320 51 350	用于节能和提高能效的测量和分析仪表等	不属于环境货物
	用于再生能源设备的工艺控制仪表，通用	不属于环境货物
	用于集中供热发电站的工艺控制仪表	不属于环境货物
3320 52 830	用于低能耗/被动式房屋等的工艺控制仪表	不属于环境货物
3320 70 1	用于节能和提高能效的工艺控制仪表，例如恒温器	不属于环境货物

表 A7.2　德国的环保施工工程清单

说明	备注：是否属于环境产品？如果是，属于哪一种环境产品？
废物治理	
废物临时储存设施和收集点的建设	末端处理技术
废物装载设施的建设	末端处理技术
废物处理设施的建设	末端处理技术

续表

说明	备注：是否属于环境产品？如果是，属于哪一种环境产品？
堆肥设施的建设	末端处理技术
机械/生物方式处理生活垃圾设施的建设	末端处理技术
污水热处理厂的建设	末端处理技术
生活垃圾和工业废物垃圾填埋场的建设	末端处理技术
特殊废物掩埋场的建设	末端处理技术
建筑垃圾填埋场的建设	末端处理技术
容器填埋场的建设	末端处理技术
地下填埋场的建设	末端处理技术
垃圾竖井的建设	末端处理技术
垃圾填埋场渗滤液集水池的建设	末端处理技术
填埋气体收集设施的建设	末端处理技术
垃圾填埋场的景观塑造和绿化	末端处理技术
水质保护：水质保护措施旨在减少废水量或废水负荷(减少或去除固体和可溶解固体，减少热量)以及保护地表水和地下水的措施。用于闭路水系统的产品应该包括在内	
用于污水处理的下水道建设/污水下水道的建设工程，排水管道的重建/建设	末端处理技术
建筑的雨水留存槽	
污水泵站的建设	
涵洞建设	
污水处理厂的建设	末端处理技术
轻液体分离设施的建筑	
废水净化、去污和中和设施的建设	
冷却塔的建设	
消化塔的建设	
污泥沉降设施的建设	末端处理技术
污泥圩田的建设	
用于有害物质堆场的建设环境的保护设施	
用于输送水危害液体和气体管道建设的环境保护设施	
污水测量站的建设	
闭路水系统的建设	综合技术
噪声控制：噪声控制措施是指可减少或避免噪声和防止噪声传播的措施。振动保护措施应包括在内。只有出于工作安全原因，才需要对未开展的施工运营予以说明	

续表

说明	备注：是否属于环境产品？如果是，属于哪一种环境产品？
噪声防护围墙的建设	末端处理技术
振动防护基础的建设	末端处理技术
空气质量控制：空气质量控制措施是指除去、减少或避免排放物质中的非大气物质(烟雾、烟尘、粉尘、气体、气溶胶、蒸汽或难闻物质)的措施。只有出于工作安全原因，才需要对未开展的施工运营予以说明	
脱硫设备的建设	末端处理技术
脱氮设备的建设	末端处理技术
除尘设备的建设	末端处理技术
自然和景观保护：自然和景观保护措施是指保护、恢复或重塑土壤和植被的自然外观、保护动物的措施；这些措施包括用于防止土地成为沼泽或沙漠化的特殊的复植措施	
垃圾填埋场和露天矿复植措施的土方工程	
沼泽复原	
荒地复原	
防止土壤侵蚀的土木工程	末端处理技术
风障的建设	末端处理技术
自然和景观保护的景观塑造的地表土方工程	
水域的再栽培	
动物保护系统的建设(例如保护两栖动物)	
土壤净化：土壤净化措施是指消除或减少土壤中危害环境的物质(根据化工产品法案第 3a 条)和制剂，防止土壤和地下水中的这类物质和制剂扩散的措施	
用于土壤净化的测试和钻探	末端处理技术
只要涉及土壤净化的土壤力学、土方工程和基础工程的施工运营	
地下防护墙的建设	末端处理技术
生物土壤净化设施的建设	末端处理技术
土壤热净化设施的建设	末端处理技术
污染土壤治理设施的建设	末端处理技术
气候保护：气候保护措施是指避免或减少温室气体排放(根据《京都议定书》，温室气体包括：二氧化碳、甲烷、一氧化二氮、部分卤代氯氟化碳、全氟烃、六氟化硫)的措施。气候保护包括利用再生能源措施和节能措施以节约能源或提高能源效率	
风电厂的建设/组装	综合技术
水电站的建设/组装	综合技术
太阳热能电厂的建设/组装	综合技术
光伏发电厂的建设/组装	综合技术
地热发电厂的建设/组装	综合技术

续表

说明	备注：是否属于环境产品？如果是，属于哪一种环境产品？
沼气厂或生物质供热(供电)站的建设/组装	综合技术
用于供电和供热的垃圾填埋气体和沼气工厂的建设/组装	综合技术
用于木材、作物或稻草的小型燃烧设备建设/组装	综合技术
区域供热发电站的建设/组装	综合技术
低能耗/被动式房屋的建设/组装	改良品
节约能源和提高能源效率的建设工程(不包括 20710)	综合技术
避免和减少《京都议定书》规定的温室气体排放的措施，例如把冷却和制冷设备转换为采用无卤环保型冷却剂	综合技术

表 A7.3　德国的环境保护服务清单

说明	备注：是否属于环境产品？如果是，属于哪一种环境产品？
废物治理：废物治理涵盖了避免、利用和清除《促进废物治理封闭式物质循环与确保环境兼容的废物处置法案》(KrW-/AbfG)中定义的废物	
废物治理的检查与分析，例如废物分析	专项环保服务
废物治理的专家意见，例如设置废物登记表、环境影响分析、环保审计	
用于废物治理的概念、咨询和软件，例如设置废物治理概念和环境信息系统	
废物治理计划，例如工厂规划，如临时存储设施、收集点、传送装置、废物处理设施、堆肥设施、废物热处理厂、垃圾填埋和相关景观塑造和绿化	
废物治理项目的管理和控制，例如废物处理厂的建设(如 cf. 30104 的处理厂)	
水质保护：水质保护措施是指旨在减少废水量或废水负荷(减少或去除固体和可溶解固体，减少热量)以及保护地表水和地下水的措施。用于闭路水系统的服务应该包括在内	
水质保护的检查和分析，例如下水道检查(包括清洁)和废水分析	专项环保服务
水质保护的专家意见，例如关于废水处理、有害物质运输容器的检查，环境影响分析，环保审计的专家意见	
用于水质保护的概念、咨询和软件，例如废水处理、环境信息系统的咨询	
水质保护规划，例如设施的废水处理厂与设施的规划，如下水道和污水管网、雨储存槽、废水净化、净化和中和设备、冷却塔和消化塔、污泥沉降设施、水危害物质的储存设施、水危害液体和气体管道、废水测量站	
水质保护项目的管理和控制，例如设备和设施的建设(如 cf. 30204 设备和设施)	
噪声控制：噪声控制措施是指可减少或避免噪声和防止噪声传播的措施。振动保护措施应包括在内。只有出于工作安全原因，才需要对未能提供的服务予以说明	
噪声控制的检查和分析，例如噪声压力和振动测量、频率分析	专项环保服务

续表

说明	备注：是否属于环境产品？如果是，属于哪一种环境产品？
噪声控制的专家意见，例如关于噪声与振动、环境影响分析、环保审计的专家意见	
用于噪声控制的概念、咨询和软件，例如用于噪声控制系统、环境信息系统	
噪声控制规划，例如噪声控制系统规划	
噪声控制项目的管理和控制，例如噪声控制系统的管理和控制	
空气质量控制：空气质量控制措施是指除去、减少或避免排放物质中的非大气物质(烟雾、烟尘、粉尘、气体、气溶胶、蒸汽或难闻物质)的措施。只有出于工作安全原因，才需要对未被产出的产品进行说明	
空气质量控制的检查和分析，例如排放测量(不包括机动车辆的废气测试，并且不包括家庭测量)	
空气质量控制的专家意见，例如关于污染物排放、环境影响分析、环保审计的专家意见	
用于空气质量控制的概念、咨询和软件，例如污染物排放、环境信息系统的咨询	
空气质量控制计划，例如用于脱硫、脱氮和烟气除尘的设备	
空气质量控制项目的管理和控制，例如设施的建设(如 cf. 30404 设施)	
自然和景观保护：自然和景观保护措施是指保护、恢复或重塑土壤和植被的自然外观、保护动物的措施；这些措施包括用于防止土地成为沼泽或沙漠化的特殊的复植措施	
自然和景观保护的检查和分析	
自然和景观保护的专家意见，例如环境影响分析、环保审计	
用于自然和景观保护的概念、咨询和软件，例如对建筑和景观塑造、环境信息系统的咨询	
自然和景观保护规划，例如建立土地开发计划、绿色空间、景观框架、保护和开发、景观规划	
自然和景观保护项目的管理和控制，例如再栽培措施	
土壤净化：土壤净化措施是指消除或减少土壤中危害环境的物质(根据化工产品法案第 3a 条)和制剂，防止土壤和地下水中的这类物质和制剂扩散的措施	
土壤净化的检查和分析，例如被污染的现场检查	
土壤净化的专家意见，例如土壤专家的意见	
用于土壤净化的概念、咨询和软件，例如环境信息系统	
土壤净化规划，例如污染现场治理计划/土壤力学、土方工程、基础工程	
土壤净化项目的管理和控制	
气候保护：气候保护措施是指避免或减少温室气体排放(根据《京都议定书》，温室气体包括：二氧化碳、甲烷、一氧化二氮、部分卤代氯氟化碳、全氟烃、六氟化硫)的措施。气候保护包括利用再生能源的措施和节能措施以节约能源或提高能源效率	
气候保护的检查和分析，例如建筑分析(温度记录、气密性试验等)、建立能量平衡和能量传递	

续表

说明	备注：是否属于环境产品？如果是，属于哪一种环境产品？
气候保护的专家意见，例如环境影响分析、环保审计	
用于气候保护的概念、咨询和软件，例如开发节能概念	
气候保护规划，例如使用再生能源设备的规划	
气候保护项目的管理和控制	
环境交叉领域	
检查和分析	
专家意见，例如环境影响分析、环保审计	
概念、咨询和软件，例如环境信息系统	
规划	
项目管理和控制	

附件 8　“可持续活动”的分类示例

经合组织/欧盟统计局手册引用了一些“可持续”活动。可持续的活动应被视为没有环保目的的、而使用了多个环境货物(自产或购买)的经济活动，以减少生产过程引起的污染和资源消耗。

表 A8.1 显示了最常见的“可持续”活动的主要环境域(CEPA 和 CReMA 类别)。

例如，可持续农业是指依据对土壤和地下水(CEPA 4)的压力减轻，对环境具有积极影响，但也可以对减少水使用量(CReMA10)具有积极影响的经济活动(NACE 01 农业)。本手册建议在环境货物和服务部门范围内，以通过涵盖有机农场的方式涵盖部分可持续农业。

表 A8.1　可持续活动和主要环境领域

环境货物和服务部门的可持续活动的环境领域分类		可持续农业	可持续城市规划	可持续能源	可持续交通	生态旅游	可持续建筑
环境保护活动	1. 环境空气与气候保护			X	X	X	
	2. 废水治理					X	
	3. 废物治理	X				X	X
	4. 土壤与地下水保护与恢复	X				X	
	5. 减噪降振				X		
	6. 生物多样性与景观保护	X	X			X	
	9. 其他						

续表

环境货物和服务部门的可持续活动的环境领域分类		可持续农业	可持续城市规划	可持续能源	可持续交通	生态旅游	可持续建筑
资源管理活动	10. 水管理	X					X
	11. 森林资源管理						
	……						
	13. 能源管理		X	X	X	X	X
	……						

注：可持续的活动涉及两个或多个环境域(X)。该活动的分类应该仅能根据主要目的，而划分到一个领域(X)内。可持续交通指排放更少污染物的车辆生产，能够降低噪声或减少能源消耗(改良品)。

可持续林业涉及认证的可持续森林生产木材。该木材是为了取代产生自然资产(来自未经可持续发展认证的种植园或通常种植森林的木材)，它不是环境货物和服务部门范围内的自然资源。因此，可持续林业活动不包括在环境货物和服务部门范围内。

可持续能源是指清洁能源生产。它可能近似于再生能源的生产，这类活动包含在能源管理中。

可持续交通是指在运输行业中采用对环境影响较低的车辆的经济活动。环境货物和服务部门并未考虑这类运输服务，因为它们的目的并不是环境保护。然而，如果运输行业所采用的车辆符合改良品的定义，这些产品的生产可能会包含在环境货物和服务部门中。

生态旅游是指一些(认证)住宿和餐饮服务减少环境影响的活动。例如，单独收集酒店垃圾就是如此，它应该被记为 CEPA 3 中的辅助活动。另一个例子是酒店能源消耗的减少，这应该作为 CReMA 13b 中的辅助活动来汇报。

可持续建筑是指建造更高效的建筑(依据能量和热量消耗，也依据所用部件对环境影响的减少)。

可持续城市规划是指兼顾可持续发展的城市规划活动。在这种情况下，可以记为环境货物和服务部门的部分活动就是覆盖在环境货物和服务部门定义中的部分。它有可能是主要针对风景和生物多样性保护(CEPA 6)的城市规划活动，或主要针对减少能耗(CReMA 13b)的活动。

第 4 章　数据收集框架

本章概述了编辑和更新环境货物和服务部门数据的数据来源、方法和最佳实践。首先，提出了现有环境货物和服务部门统计数据汇集的方法，然后就采用现有的统计或调查资料如何估算变量(即营业额、增加值、就业、出口额)提供了指导。本章还包括如何优化使用现有数据，整合和简化数据收集的建议，如何处理特殊难点示例的建议以及实施这些建议的一些策略和应用前提假设与比率的示例。在本章最后，总结了一些交叉检查表格和数据质量控制的建议。

4.1　现有环境货物和服务部门统计数据汇集的方法

供给方方法

一旦已经建立统计群体，通常数据收集方法都采用供应方方法。数据收集基于环境保护和资源管理的技术、货物和服务的供应(见图 4.1)。这种方法适用于主要活动和次要活动。

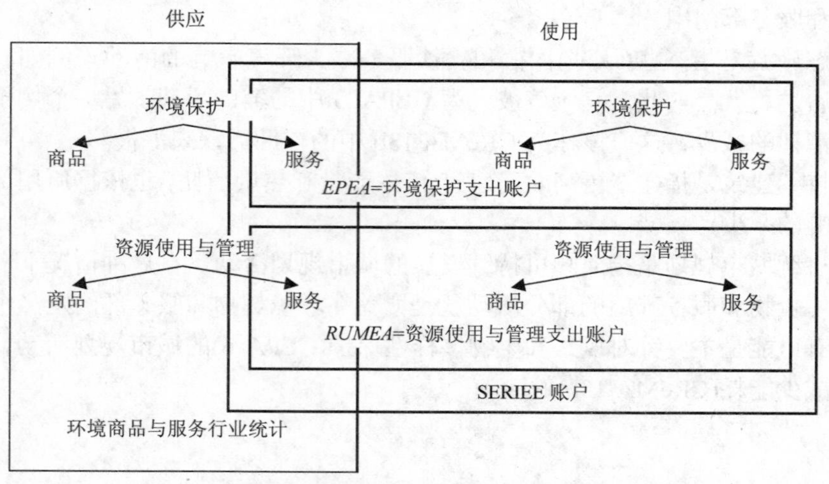

图 4.1　环境货物和服务部门和 SERIEE 账户之间的联系

(资料来源：意大利统计局，2007 年，环境货物和服务部门工作组的内部说明)

需求方方法与辅助活动

辅助活动是一种特殊情况，根据定义，用于自用的内部生产意味着供给方和需求方都是相同的。因此，对于辅助活动，识别生产商和收集其活动的数据与收集买方的技术、货物或服务的数据(需求方的方法)是一样的[①]。

根据生产商类型、活动类型和可用性的不同来源，采用不同方法

为了编辑统计数据，根据所采用的供给方还是需求方的方法，会有不同的信息来源。它们可以是现有的统计或发送到特定样本企业的问卷。4.2 节中提供了这些信息的来源。

根据不同类型的生产商，即企业或一般政府，编辑数据的方法可能有所不同。因为不同类型的活动具有不同的数据来源(比如市场和非市场)。对于企业和一般政府，都有一些专门的收集各个变量的方法。

此外，收集方法会因主要活动或次要活动有所不同，或因生产商开展环保和非环保活动也有所不同。如果环境活动只构成了生产商活动的一部分(因为该活动是次要活动或因为其他活动是非环保活动)，为了确定最合适的数据，应该进行估算。在以下各个变量的小节中对这些方法进行了详述。

4.2 数据来源编辑

哪些数据应该编辑?

本手册第 5 章中提供的标准表格旨在编制环境货物和服务部门四个变量的数据。这些变量包括营业额、增加值、就业和出口额。

营业额和就业数据是分析经济行业以及监控其业绩和增长时广泛采用的指标。增加值主要用于环境货物和服务部门的收入增加值与国民收入之间的比较。出口数据是评价一个经济行业在全球经济中竞争力的重要指标。

数据来源编辑：现有统计资料和调查

如果数据集是基于已经存在的统计资料，对应的关键要点(即通过机构、组织数或类似的唯一识别码)是重中之重。

如果数据收集是基于调查资料，那么两种方法都可以采用。第一种方法就是

---

① 需求方方法也可以用来获取主要活动和次要活动的数据。附件 9 包含一些有关需求方的信息，供给-需求组合方法。供应方方法的特点是采用现有的统计数据和/或通过调查问卷收集的信息来收集环境技术、货物和服务的供应方信息。在不同情况下，其出发点都是识别在第 3 章中所描述的统计群体。

在现有调查问卷中增加问题。第二种方法是制定有针对性的调查问卷。

下文提供了这两种数据编辑方法。然而，调查通常被认为是不得已的最后手段，因为国家统计局面临着大幅降低受访者响应负担的需求。

4.2.1 采用现有统计数据估算变量

关于环境行业的信息可以通过现有的行政登记表和统计数据获得。表 4.1 显示了各个变量的主要数据来源。在说明采用这些数据来源为基础来估算营业额、增加值、就业和出口额的程序之前，下文提供了这些数据的来源。每个来源的使用都可能会受到一些生产商的限制，而不是环境货物和服务部门的整个统计群体的限制。

表 4.1 环境货物和服务部门各个变量的统计资料的主要来源

变量来源	营业额增加值	就业	出口额
结构业务统计数据	√	√	
工业产品统计数据	√	√ (基于生产销售额的估算)	
劳工统计数据		√	
贸易统计数据			√
增值税登记表	√		√
国民账户(收支平衡表)			√ (服务)
国民账户(其他)	√	√ (基于投入/产出表的估算)	√ (基于供应与使用表，只针对完全环境的产品与活动)
SERIEE 账户(联合问卷)	√ (服务)	√ (服务，只针对特殊 生产商)	√ (服务)

结构业务统计数据

结构业务统计数据(SBS)通过对从事经济活动的单位观察来描述经济。在结构业务统计框架内，收集的主要变量包括：

· 人口统计变量：企业数量、当地单位数量；

· “投入相关的”变量：雇用人数、员工数量、人员成本、有形产品中的投资总额；

· “产出相关的”变量：要素成本中的营业额、产生值、增加值。

对于企业层面的所有市场活动，都需要收集这些变量数据。如果环境货物和服务部门统计群体数据库构建在相同实体的层面上，就有可能通过采用所有现有登记表中相应的唯一识别码，建立变量之间的直接联系。

如果环境货物和服务部门的数据库构建在机构层面上，就需要进行一定的调整，例如计算该机构相对于整个企业与环境货物和服务部门有关的份额。

在欧洲共同体内部的工业产品统计(PRODCOM)

工业产品统计旨在描述各项产品的工业生产或销售额。PRODCOM 编码涵盖了欧盟范围内的生产统计，包括采掘、制造、电力、天然气和供水，尽管有些领域的数据目前还无法获知。

PRODCOM 统计数据有助于计算可以应用于其他数据来源的环境生产份额，例如 SBS 统计数据。

劳工统计数据

劳工统计数据提供了劳工市场输出的关键指标，例如按照年龄、性别和受教育程度分类的就业数据，全职工人和平均收入数据，以及各种活动的收入分配。环境货物和服务部门的统计群体可以通过各机构的唯一识别号码与劳工统计数据相互联系。

贸易统计数据

分析贸易统计数据可以提供原产国和目的地国的进出口数据。贸易统计数据根据货物分类进行编制，并只涉及运输产品，不包括服务。

贸易登记表是查找环境货物和服务部门出口数据的主要来源。其中的数据按产品进行收集，在国际层面上采用六位数 HS 分类，在国家层面上采用八位数 CN 分类。

如果具有机构层面的贸易统计数据，可以采用与 SBS 统计同样的方法。在环境货物和服务部门统计群体和贸易统计数据中的各个机构唯一对应识别码可以使数据进行换算。务必注意的是：如果所指机构还会生产非环境产品、服务和技术，贸易统计数据中提取的数额可能会包含一些非环境货物和服务部门的产品。此时，必须确定该机构整个贸易是否包含环境货物和服务部门，或通过计算与环境行业无关的产品份额，而将其排除在外。即使根据货物类别收集了贸易统计数据(这样就可以知道该机构出口了哪些产品)，有些产品类别的信息不够详细，不能区分其是环境货物还是非环境产品时，就可能存在这种情况。

增值税登记表

增值税(VAT)登记表对于检索环境货物和服务部门相关的服务贸易数据是很有帮助的。增值税是根据所有产品和服务支付的，这类登记表收集了出口数据。假设贸易统计数据和增值税登记表(在企业/机构层级)之间的出口差额代表服务部分，那么，这些数据可以认为是环境货物和服务部门的出口总额。

国民账户：收支平衡表

环境货物和服务部门出口特别重要的数据来源就是收支平衡表(BOP)。收支平衡表是服务出口的数据特别重要的来源。不幸的是，收支平衡表统计详细程度不允许对该行业进入深度分析。有可能获得一些服务数据，即在非常综合的NACE层面上的污水和垃圾处理、卫生和类似活动的数据。许多其他环境服务都分散在其他的 NACE 服务类别中，通常难以与非环境服务进行分离。

SERIEE 账户

只要 SERIEE 账户编制出来，该账户就已通过环境保护支出账户(EPEA[①])和资源使用与管理账户(RUMEA)涵盖了部分环境货物和服务部门(见图 4.1)。

EPEA 详细描述了专业、次要的生产商所提供的环境保护服务，以及采购环境改良品和单用途环境产品，并将其与其他事物一并列为最终消费和中间消费，或固定资本形成总值。

EPEA 可以有助于检索环境货物和服务部门的辅助生产以及专项环保服务数据。

EPEA 旨在评估总体经济所做的实际环保支出。该支出数据是由各经济部门和环境领域提出(通过 NACE)。这些信息是用来提供社会响应指标，以减少污染，并解释环境压力和状态方面的变化。

因此，EPEA 提供了一个框架，用于所有可用的环境支出和活动基本数据的一致整合。它将环保服务使用与其供应联系起来，以遵循国民账户供应-使用表中的模型。对于各项环保服务的主要类别，供应和使用必须相等。这种一致性可以为合并数据源和编制账户提供强有力的帮助[②]。

在 EPEA 框架内的表格中，以下步骤对查找环境货物和服务部门数据可能会很有用：

- 表 B：环保服务的供应(生产)及其生产方式。对于专业生产商，表 B 还提供了就业数据。

① 欧盟统计局，(1994)“SERIEE 1994 版”，卢森堡。

② 另外，EPEA 还描述了用户如何使用改良品和单用途环境产品。

- 表A：环保支出，即各种环保服务、单用途环境产品和改良品的使用支出，包括最后消费和中间消费、资本形成总额(投资)。表 A 还列出了与环境保护有关的其他交易(资本交易和某些换算)。
- 表B1：该表集中了环保服务的供应和使用，包括进口和出口数据。

经合组织/欧盟统计局联合问卷

经合组织/欧盟统计局的环境保护支出和收入联合问卷(JQ)是一项收集国际环境保护支出数据的主要工具。因为该工具专门用于支出，它主要是一种需求方的资料来源。然而，环境货物和服务部门的辅助业务可以通过当前支出数据进行估算。

其他信息来源

注：每个国家都发布了关于各种议题的统计数据。因此，有些国家数据库有助于建立环境货物和服务部门的统计数据。例如，国家能源平衡、废物统计或水账户都可以提供再生能源生产、废物治理和水管理行业的有用信息。

还有一种可能是，有些国家已经针对一些环保活动建立了数据收集系统和计划，例如有机农业。当数据不能直接使用时，可以开展估算，以获得一些粗略的数据。例如对于有机农业，估算地表面积、有机农场主数量及其收入，可以提供有关有机产品产量的数据。

4.2.2　采用调查估算变量

数据来源的调查

即使调查这种方法具有一些弱点，例如实施成本，但是就数据的覆盖范围和质量而言，它仍是最好的方法。调查方法的主要优势在于精确，因为调查信息可以非常详细。

在采用调查方法编辑变量时，可以遵循两种途径：①在现有调查问卷上增加问题；②创建一个新的调查问卷。附件 10 列出了这两种方法和常用调查方法的优势和不足以及调查示例。

在现有调查问卷上增加问题

为了收集有关数据，可以在现有调查问卷上增加问题，例如环境的具体服务、综合技术和改良品。

匈牙利采用了该方法。附件 10 提供了调查实例。

针对性调查

在设计和实现环境行业调查的过程中，应该解决两个问题：样本设计和调查问卷编制。

德国已经制定了一份与环境保护产品和服务有关的详细问卷。该调查编辑了被调查企业生产的环境产品类型、这些产品的销售收入、出口销售收入和就业等信息。关于德国调查的更多信息见附件 10。

4.3 EGSS 营业额

4.3.1 定义

营业额是衡量某个国家某个行业规模的有用概念。

营业额的定义

营业额指“参考期间观测单位[①]开具发票的总额，相当于提供给第三方的产品或服务的市场销售情况”[②]。因此，既不包含存货变动，也不包含产品和服务的输入。

包含所有收费(运输等)、开具单位发票的关税和税项，单位开具发票的客户增值税以及与营业额直接相关的其他类似可扣除税项除外。

不包含减价、回扣、折扣、返回包装的价值、在企业账目中分类为其他营业的收入、财务收入和非常收入，以及从公共部门或欧盟机构获得的运营补贴。

因此，营业额是一个企业在一定时期内所销售的产品。但不是真正的产品，因为库存反映了产品价值与营业额之间的差异。营业额很好地反映了环境行业由服务提供者主导情况下的产品金额。在此情况下，由于库存变化和交易产品引起的差异就微乎其微了。

非市场生产商的营业额

对于如政府等非市场生产商而言，营业额并非由产品销售的价值来计算，因为他们并没有销售行为。从而，营业额通过生产的总成本来估算。

---

① 观测单位为第 2 章说明的 LKAU 或政府单位的某些部分。

② SBS 调节变量的定义。

4.3.2 作为其他变量测算基础的中间消费和营业额

双重计算问题和排除中间消费

EGSS 的范围只包括减少双重计算与高估供应商和分销商活动所产生的 EGSS 营业额风险的主要生产商。

但是，在主要生产商之间仍然可能出现双重计算的问题，因为某些环境技术、产品或服务可以被用于其他环境输出的生产中。两种活动都可能导致对环境行业规模的高估。

此外，由于其他与 EGSS 有关的变量，如就业率等也可能来自营业额，此类高估也会影响到其上升值。

因此，为了避免双重计算，在利用营业额作为计算就业率的基础时，应量化环境技术、货物和服务的中间消耗，并从 EGSS 生产商的总营业额中扣除(见第 4.5 节)。

次要业务和辅助业务例子：与主要业务相关的中间消耗

但是，次要业务和辅助业务一般没有那么重要，可以假设环境技术、货物和服务的整个中间消耗与主要非环境业务相关。对于次要业务或辅助业务来说，这个假设没有考虑环境货物或技术的中间消耗。这意味着，估算环境技术、货物和服务的那部分单位中间消耗用于环境(次要或辅助)业务时不需要具体的询价。

4.3.3 企业的营业额

企业的主要和次要业务的营业额

正如第 3 章所讨论的一样，很容易通过具体的环境相关 NACE 类别对某些企业进行识别。由于统计登记通常用 NACE 类别提供数据，很容易从登记册直接抽取这些企业的营业额。再加上假设这些企业只执行环境业务，从而可以考虑 NACE 类别中的整个营业额。这可避免企业预期和估算营业额。

在行业提供非环境及环境技术和产品(如次要业务、可再生和不可再生能源的生产或生产净化空气过滤器和其他过滤器的制造企业等)的情况下，必须了解哪部分是业务中的环境份额，以及如何将适当的营业额分配到环境技术和货物的生产上。

营业额的估算

可使用以估算系数为基础的方法，根据现有统计数据估算环境行业的营业额。

·若样本量大，可在环境货物和服务的生产商(在一个特定的 NACE 类别或企业行业)与总生产商之间建立对应关系，从而估算在生产环境产品和服务的总供应商中所占的份额。

例如，调查结果显示，规定比例的工业设备供应商生产环境用途的货物和服务，该份额可完全应用于 NACE 类别或整个行业的环境货物和服务的营业额估算。在此情况下，不需要采用“逐个企业”分析。

· 若样本量小，可按逐个企业方式来估算份额。

当营业额只在企业层次可用时，若企业从事多项业务，且其中一些与环境行业无关，应对机构之间的营业额进行分配以分开“环境性”的营业额。数据可通过加权从企业层次转到机构层次，如将机构就业人数与企业就业总人数相比等。然后将该加权应用到总营业额上。

> **备注**：对于某些行业而言，如能源生产行业，大部分雇员都在总部工作，而生产却在其他地方。在这种情况下，可使用机构的数量，而不是雇员人数来加权，并将营业额均分到每个机构。

例如，在生产商的业务中，环境性业务少于 50%的情况下，瑞典和比利时采用营业额份额方法，将总营业额作为主生产商的营业额。有关瑞典和比利时案例的详细情况请参见附录 13。

另一方法：使用物理数据或消耗数据

在经济数据不可用时，可通过合并物理输出数据(如废品吨数、废水升数、隔音板米数、混合动力车数量等)和平均价格比率测算出营业额的信息。该方法适用于环境技术和货物，但结果通常非常接近。

能源生产就是一个特殊的例子。为了区分再生能源生产产生的营业额，可使用能源实际生产的数据来计算再生能源占总能源生产的比率。

企业辅助业务的营业额

对于辅助业务，生产和消耗都是一样的，因为在定义上内部生产意味着自身支付货物或服务的使用。由于没有市场行为，营业额代表着生产的成本，因此等于发生环境支出。

这些生产成本重新组合人工成本、材料成本(不包括环境技术、货物和服务)、自给生产投资(固定资本消耗)和与环境业务有关的税项。

对于能源生产辅助服务这个特殊情况，生产成本数据可由依据 SBS 规则收集的辅助 EPE 数据得出。

辅助能源生产服务的生产成本数据也可从环境保护支出账目(EPEA 的表 B)

以及通过联合问卷收集的数字(经常性支出)中得到。

在RM辅助业务的情况下，由于还没有建立RUMEA账户，再生能源自动生产的成本可从物理数据源中扣减，如能耗统计等(如热电联产电厂)。

综合技术生产系统最佳范例的营业额

最佳范例的综合技术或生产系统也是特殊的例子。在这些情况下，业务为辅助性的，且符合在辅助业务中所执行的内容，营业额为在执行实务中发生的开发成本的总和。

4.3.4　一般政府的营业额

一般政府营业额

一般政府(GG)执行非市场生产。如上述关于企业辅助业务中说明的一样，营业额等于生产成本。因此，一般政府营业额是人工成本、中间消耗、生产税项和固定资产消耗的总和。

EPEA的表B和表A

对于环保服务，生产成本可从环保支出账目及从EPE调查问卷上收集的数据中提取。在EPEA的表B中，所有生产成本和固定资产形成总值都被记录为生产商能力。

在EPEA的表A中，也记录了一般政府的支出，如一般政府生产并作为集体消耗的非市场服务的价值。

预算分析

估算一般政府的营业额时，可通过预算分析获得数据。在预算文件中，政府交易的经济信息包括各层政府单位收到和使用的资金。但是，列为拨款还不能明确地将支出分类为是否为环境性(EP或RM)，通常还需要更多的信息，如支出的描述等。

对于某些事业单位来说，其主要业务不完全与环境有关，故必须估算其各自的份额。应咨询相应部门专家及查询有关文件找出相应的份额。

分配到环境领域：政府职能分类

特别是对 EP 服务提供有用信息的另一数据源通过一般政府支出的数据来反映，这些数据是按照ESA95规则定期产生的函数。尤其是，该数据源提供了按政府职能分类(COFOG)环境领域的一般政府支出数据。在COFOG中，有一个专职于环境保护的部门，在该部门内，按CEPA的环境领域分成6组。

· 05.1: 废物管理。
· 05.2: 废水管理。
· 05.3: 污染治理。
· 05.4: 生物多样性和自然景观保护。
· 05.5: R&D 环境保护。
· 05.6: 没有归类到其他分类的环境保护。

以 COFOG 规范进行的支出分配是通过目的标准[①]实施的。但是，由于所有支出都应归类到 COFOG 下的唯一的位置，在某些情况下，支出可能会归到环境以外的类项下。

与环境保护的情况不同的是，没有一个专职于资源管理的部门。一般政府执行的资源管理支出与其他的非环境支出一起主要归类到 COFOG 的 4 个和 6 个部门之内，如节能(COFOG 04.03.05)或森林管理(COFOG 04.02.02)。

有关其他国家对营业额的计算以及环境业务的分配例子请见附录 13。

4.3.5 在调查中询问营业额

为了收集最准确的营业额数据，避免编撰非环境业务信息的最佳方法就是要求应答者提供其环境技术和货物清单，并让他们选择环境技术或货物是否来自其主要或次要业务，然后再要求回答属于每种环境技术和货物的营业额。

以此方式收集的数据包括按环境技术和货物类型分类的营业额。通过这种方式，开展完全环境性业务的机构将提供机构的整体营业额，而开展环境性及非环境性业务的机构可将完全与环境技术和货物有关的营业额分开。

这就是德国的案例(见附录 11 的问卷)。

4.4 EGSS 的增加值

4.4.1 定义

货物售价与用于生产货物和服务的支出总额之间的差异就是增加值。增加值的使用只考虑生产的增加值，从而避免了生产链不同步骤内的双重计算。因此，增加值的使用可防止 EGSS 被高估。

增加值(VA)在某种意义上是个很有意思的变量，一个国家的经济福利取决于国内增加值数据而不是生产数据。如果一个国家的增加值很低，其经济不会因某

---

① 该方法在欧盟统计局 2007 年发布的手册“环境保护支出统计：一般政府和专业生产商数据收集方法”中阐述。

个环境行业的高生产力和输入的高中间消耗而得益。增加值是环境领域常驻事业单位的生产性行为产生的价值测量。与国家层面的收入相比，EGSS 产生的收入应以增加值的方式估算，因为国内生产总值是国家经济的所有增加值的总和。

增加值的定义

根据国民核算(2003)[①]，行业的**基价增加值**等于生产(以基价计算)与中间消耗(以采购价计算)之间的差异[②]。

这意味着生产上的某些税项包含在生产价值内(如劳动力和资本的财产税和薪酬税，但不包括联邦或州征收的中间输入的销售税)，也意味着某些补贴会被减去(如劳动力或资本相关的补贴，但不包括产品相关的补贴)。

工资税是因劳务输入产生的支付给政府的税项，而财产税是对建筑和其他物业征收的资本服务税项。两者均为生产的部分，并包含在基本价格计量中。另一方面，劳务和资本补贴需从这些要素的总收入中扣除，因为这是政府支付的款项而不是收益。

增加值变量在定义上不包含任何类别的中间消耗，既不包含非环境货物的中间消耗也不包含环境技术、货物和服务的中间消耗。因此，与营业额的情况不同，即使某些 EGSS 生产商的输出被另外的 EGSS 生产商使用，在量化 EGSS 的增加值时也不会出现双重计算。

有关增加值的数据在不同层次的细节上都能找到，如国民核算和 SBS 统计。

4.4.2 企业内的增加值

企业的增加值

可使用两种方法获得 EGSS 的数据。第一种方法以 EGSS 企业数量和 SBS 统计为基础。第二种方法是使用国民核算算出 NACE 增加值。

企业的增加值以营业额为基础。计算总增加值时，应将中间消耗从销售价值中减去。中间消耗包括原材料、能源、服务等。

由于本手册讨论的增加值是基价增加值，所以只包含固定资产、劳工成本、一些劳工和资本相关的税项以及产品相关的补贴。

---

① http://unstats.un.org/unsd/sna1993/glossary.asp

② 基价增加值更多地从生产商而不是生产力要素成本增加值的角度考虑。生产力要素成本增加值是根据市场价格(最终消费者支付的价格)所测量的增加值，扣除生产的税项，包含不管是中间输入还是劳动力和资本上获得的补贴。与基价增加值的不同之处在于此方式只处理税项和中间输入的补贴。

备注： 从就业数据获得增加值(和生产)的方法。

为了填写标准表格且因为这些是重要的经济指标，所以必须获得EGSS的增加值和生产的数据。

合并从早期的商业登记获得的就业信息，并使用以国民核算信息为基础的一般假设测算生产和增加值。这些一般假设以基本经济规律推导出来的大拇指法则为基础。

在特定NACE类别中，所有企业的每个雇员的产出和增加值比率都大致一样。换言之，特定NACE类别中不同企业的生产结构大致一样。若一个人利用呈正态分布的一组企业，而另一个人处理大量的企业，这些比率对增加值和生产的估算非常有帮助。

因此，每个雇员的产出和增加值比率可针对每个NACE类别以最高级别的细节计算。然后，将这些标准NACE类别的比率与对应NACE类别的就业数量相乘。通过这种方法，可近似获得增加值和生产。这样做的时候，建议使用与NACE生产力相关的最详细的NACE信息。

增加值和生产的近似值在算术上可表示为

$$VA_{NACE}^{EGSS} = E_{NACE}^{EGSS}\left(\frac{VA_{NACE}^{Economywide}}{E_{NACE}^{Economywide}}\right)$$

$$P_{NACE}^{EGSS} = E_{NACE}^{EGSS}\left(\frac{P_{NACE}^{Economywide}}{E_{NACE}^{Economywide}}\right)$$

Economywide：整个经济体

资料来源：荷兰中央统计局，EGSS特别工作组的内部备忘录，2009年2月。

在测算增加值时，使用与企业营业额有关的章节中的物理输出方法也非常有帮助。

例如，放置一公里的隔音板或处理一升废水的增加值的估算可通过乘以放置的隔音板总公里数或处理的废水的总量得出。

4.4.3　一般政府内的增加值

政府增加值

对于非市场生产商，由于没有销售行为，输出是在营业额基础上计算的。因此，总增加值为生产总成本与中间消耗之间的差额，如基价增加值的定义阐述的那样，不包括某些生产税项和某些补贴。也就是等于人工成本、固定资产消耗、劳务和资本相关的税项和生产相关的补贴的总和。

4.4.4　在调查中询问增加值

为了通过调查来收集最准确的增加值数据，若环境技术或货物来自机构的主要或次要业务，且增加值属于每项环境技术和货物，最好的方法就是要求提供每个机构生产的环境技术和货物清单。从而可避免编撰非环境性业务的信息。

因此，收集的数据包括按环境技术和货物类型分类的增加值。通过这种方式，从事完全的环境业务的机构将提供机构的全部增加值，而从事环境和非环境业务的机构可将完全与环境技术和货物相关的增加值分开。

4.5　EGSS 内的就业人数

4.5.1　定义

就业人数的定义

机构内雇员的调查包括在机构内工作或为机构工作的人，通常每隔一定时间收取现金或其他形式报酬的所有人员[①]。

在与 EGSS 相关的数据收集中要考虑的就业人数不仅包括环境性企业的就业人数，还包括涉及生产环境技术、货物和服务的公共管理部门的就业人数以及与各个生产单位的辅助活动业务相关的就业人数。这是直接的环境就业人数。

在计算 EGSS 的总就业人数时，不包括与产生中间环境技术、货物和服务的上游和下游业务相关的间接就业人数。

测算单位

就业人数应按全年全职工作岗位人数测算，以总工作时数除以平均每年全职工作岗位时数得出[②]。

工作时间比全年全职工人的标准工作时间短的人数，要根据单位内全年全职雇员的工作时间转换成等量全职时间。

在年度业务统计中使用全职当量单位来提高就业人数测算的可比性。此范围

① 经合组织词汇表，http://stats.oecd.org/glossary/

② 国民核算系统(SNA) 1993, par.17.14 [15.102, 17.28]

包括工作时间少于一个标准工作日、每周标准工作日或每年标准工作周/月的人数。应根据实际工作的时数、天数、周数或月数进行转换[①]。

补充信息

虽然标准表格只要求提供就业人数，必要时提供补充分析所需资料，如性别信息，以了解国家内 EGSS 就业的性别结构。其他信息也很有帮助，如受教育水平等。

4.5.2 企业内就业人数

企业主要业务和次要业务的就业人数：直接结果

通常按照 NACE 类别易于辨别的整个环境性企业的技术和货物生产所雇用的劳动力人数很容易计算。由于统计登记一般按 NACE 类别提供数据，这些企业的雇用人数可直接从这些登记中抽取。另外，若整体业务都是环境性的，所有雇员都将被列为环境领域雇员。在这些情况下(NACE 分类为 100%环境性)，不需要估算环境领域份额。若数据只有雇员数量，这些数据需要转换成全职当量。

但是，当环境技术和货物的生产只是机构的次要业务，或在同一机构中主要业务与次要业务并存，即 NACE 类别不是 100%环境领域时，必须进行估算。因为分配到登记册和现有统计中的就业人数一般为主要业务的就业人数，除非可用的数据已清楚地分开列明，否则 EGSS 内的就业人数在第一种情况下会被低估，而在第二种情况下又会被高估。这意味着必须了解环境份额以及如何分配就业人数。以下介绍几种可以解决这个问题方法。

企业主要业务和次要业务的就业人数：根据环境生产商份额估算

基于估计系数的方法可用以利用现有统计数据估算就业数据。通过在环境生产商和标准统计数据中列出的总生产商之间建立一个对应关系，就可以测算出环境技术和货物的总生产商数量。

例如，就像测算营业额时一样，若调查结果显示，工业设备供应商的 x%生产有环境用途的技术和货物，该份额就可用来测算该行业的环境领域就业人数。

根据营业额测算就业人数

在估算出营业额以后，有一种方法可建立其与环境领域就业人数的相互关系。这是德国在环境领域就业人数无法直接获得时采用的方法。

---

① 摘自 SBS 调节变量定义(16 14 0)。

假设环境领域就业人数与总就业人数的比例等于环境领域营业额与总营业额的比例。此时，环境领域营业额与总营业额的比率就可应用到企业的总就业人数的估算上。

$$eE / tE = eT / tT \longrightarrow eE = (eT \times tE) / tT$$

其中，eE 为环境领域雇员人数；tE 为总雇员人数；eT 为环境领域营业额；tT 为总营业额。

但是，通过基于营业额的系数估算的就业人数会出现与营业额计算相关的双重计算问题。如第 4.3.2 节双重计算的问题以及第 4.4.1 节增加值所述，若没有留意环境技术和货物的中间消耗，对应环境领域营业额占总营业额比率计算出的环境份额会比实际数值要高。由于不是任何时候都能识别出环境中间消耗，应在标准表格的脚注上(见第 5 章)说明用于估算就业人数的营业额(不管是否包含环境中间消耗)。

系数最好以增加值为基础，以避免双重计算从而高估就业人数。

这些总体水平比率可利用如结构业务统计中的数据来估算。

另一个可利用的比率是行业层次的环境收入(若信息可得)与总收入的比率。然后可将此比率应用到总就业人数上。但是，最大贡献者，即雇用环境领域工人最多的，会有高估总体比率的风险，从而影响到环境领域就业人数的计算。

代替总体水平比率的一个选择就是使用企业层次的比率。该方法的目的是减少在计算每个行业环境收入与总收入比率时最大贡献者的影响。

然后对每个机构计算“环境收入与总收入”的比率(环境收入可得时)。将此比率应用到机构的总就业人数上，以估算环境领域就业人数。再用这些基于机构的结果计算行业总体水平的结果。

这些估算环境领域就业人数的不同方法会得出非常不同的结果。例如，加拿大用三种方法(总体水平和企业水平的比率估算方法以及通过直接响应的调查方法)估算 EGSS 的就业人数，以进行测试和比较。结果在附录 13 中说明。

以生产力为基础估算就业人数

生产力比率可在国家层次存在，是环境收入与总收入比率的非常有意思的代替方案。生产力给出了一定数量雇员的产出量。因此，一旦知道环境产出，就很容易得知执行这些工作所需的雇员数量。

可使用两种不同的生产力比率：

·与另一 NACE 行业的特定环境业务完全相关的 NACE 行业的生产力比率。

例如，在估算将废水处理当作次要业务的某个企业的废水处理领域的就业人数时，可使用如 NACE 37 或 38 的生产力。如附录 13 所述，这种方法被奥地利采用。

· 涉及行业的整体生产力比率。由于环境产出已知，与整体产出一致的生产力可用于确定与业务的环境份额有关的就业人数。

企业的就业人数：辅助业务

在辅助业务情况下，可通过环境支出来估算就业人数。用于补偿环境辅助业务雇员的相关支出可根据环境辅助业务生产成本与生产总成本的比率计算。

将雇员平均工资应用在这些工资和薪金上，以确定全职雇员的等量人数。该平均工资可在行业层次通过劳工数据估算，按 NACE 行业将雇员总赔偿额除以同一 NACE 类别中的总就业人数得出。

4.5.3 一般政府就业人数

在环境支出统计数据中，可以抽取 NACE 84“行政监管”的环境就业人数的雇员报酬。然后将雇员平均工资应用到这些工资和薪金上，以确定全职等量雇员人数。该平均工资通过劳工统计数据估算，将 NACE 84 的雇员总报酬除以该 NACE 类别中总就业人数得出。

还可以利用 COFOG 的环境函数数据获得一般政府的环境领域就业人数，因为雇员报酬是通过一般政府的这些整体函数具体体现的变量。然后将行政监管部门的雇员平均工资应用到这些工资和薪金上，以确定全职等量雇员人数。该平均工资通过劳工统计数据估算，将雇员总报酬除以 NACE 类别中的总就业人数得出。

4.5.4 在调查中询问就业人数

问卷应包括环境领域就业人数部分。尤其是，调查应提出以下问题：“在您的机构的总就业人数中，请估算有多少比例的雇员负责生产/提供环境技术、产品和服务或从事环境相关业务。请上报全职雇员的人数。”

理想的情况，该部分应将环境就业人数细分为主要业务、次要业务、辅助业务和总业务(环境性和非环境性)，并解释如何估算全职雇员的数量。

4.6 EGSS 的出口

4.6.1 定义

技术和产品的出口包括产品和服务从常住居民向非常住居民的交易[①]。

出口与EGSS的政府部分无关。因此只需要编制企业部分的标准表格(见第5章)。

所需数据应能提供欧盟环境行业出口的程度、目的地和增长趋势状况。若EGSS 数量在贸易统计数据上有所反映，就能直接找到产品交易数据。若 EGSS数量在贸易统计的机构层次上没有数据反映，可用其他方法(如估算比率基础和目标调查等)计算出口。但是，这些方法的准确性不高，有大部分EGSS没有被计算在内。例如，在贸易规范中没有被专门识别的环境技术和产品就很容易被遗漏[②]。

4.6.2 企业出口

可使用不同的方法来编制EGSS的出口数据。

产品出口：侧重于业务和/或产品

一种直接的方法是从总体数据库和相关贸易统计中计算环境业务的总出口量。该方法给出了企业的可靠数据，该企业的生产和出口在定义上为100%的环境性，并在登记册上易于识别(如业务登记册或贸易登记册)。

对于生产产品不限于环境技术和产品的企业，采用估算方法(如份额计算)可能因人为原因产生不当年利。但是，相比环境产品和非环境产品的出口总额，国民核算统计很少提供线索来估算企业环境产品的出口份额。对从事环境业务的每个 NACE类别进行调查或对环境技术和货物进行调查可能会是获得可靠数据的更好方法。

---

① 欧洲国民核算体系(ESA) 1995, [3.128]。常驻一个国家，在该国家的经济领土上有经济利益中心的机构单位。在一个国家有经济利益中心，但在该国家的经济领土内存在几个地点——居住、生产的地方或其他场所的机构单位，该单位在这些场所无限期或有限期但长时间地大规模从事并打算继续从事经济活动和交易。只要仍在经济领土内，地点不需要固定。相反，若经济利益中心不在一个国家的经济领土内，则为非常住单位。

② 尽管如此，国家经验和之前关于EGSS的研究(如ECOTEC，2002，“欧盟生态产业分析——就业和出口潜力”以及关于EGSS的OECD论文)在获得环境行业的贸易数据方面可提供许多宝贵的战略意见。此外，作为多哈回合的贸易自由化内容，WTO正在讨论对某些环境产品和服务实施关税减免。世贸组织成员现提出一份环境产品和服务清单。该清单有助于定义EGSS数量和评估EGSS出口。这已在附录6中说明。

侧重于产品

另一种方法是从贸易统计数据中抽出产品数据。通常由于关税用途，外贸统计数据会按货物分类编排。只要能将企业与其生产的产品或提供的服务关联，就能在外贸统计数据中找到每个机构的出口数据。若贸易登记册上的产品分类已细分到可区别环境性和非环境性产品，那么，也能找到环境次要生产商的输出额。

该方法的优点是可区分不同的出口产品。利用该方法能够获得环境货物的可靠贸易统计数据。但只有在货物分类能区分环境性和非环境性货物从而摒除非环境货物的情况下，才可以有效使用。

该程序的缺点如下：现有货物分类在环境货物和服务方面并不详尽；很多环境货物被编在包含环境性和非环境性货物的大类中，从而需要估算方法再次确定环境货物的份额；数据集会很大(货物分类比经济活动分类包含更多的类别)，处理该数据会耗时耗力。

瑞典统计局决定从产品角度估算行业数据的可能性。这个探索性研究的结果显示，货物分类非常适合找出机构并完成 EGSS 数量的填写，但很难获得环境出口的数据。

通常该方法不考虑服务，因为大部分产品分类和外贸登记册都不考虑服务。

服务的出口

某些服务通过抽象概念而不是物理属性或物理函数来定义。因为服务贸易没有带国际公认的产品编码的“包装”通过海关。

来自国际贸易收支平衡表的数据

为了寻求服务行业的贸易自由化，WTO 谈判侧重在 12 个服务行业清单上(商业、配送、通信、交通、金融、咨询、环境、健康、旅游、工程、运输、体育服务和其他)。这些类别以联合国中央产品分类(CPC)为基础。

CPC 还为每个服务行业提供子分类。在环境服务行业中，类别包含 4 个具体子分类：(A)污水系统；(B)废物处理；(C)卫生和类似服务；(D)其他环境服务。

用来进行关税减免谈判的分类反映了联合国统计部门当前采用的在统计上的服务分类。该分类来自扩展国际收支服务分类(EBOPS)，可与 CPC 产品分类[①]和 ISIC (NACE)分类[②]比较(表 4.2)。

EBOPS 分类的服务数据来自国际收支(BOP)统计。BOP 统计提供了一个经济

① 国际贸易服务统计手册，附录 III。

② 国际贸易服务统计手册，附录 IV。

体与其他国家在某一时期内的经济交易的系统汇总。交易包括：货物、服务、收入、转账和金融债权。

表 4.2 环境服务分类

GNS/W/120		CPC 1.0	EBOPS	ISIC 3.1	NACE Rev. 1.1
环境服务					
环境服务	A) 污水处理服务	94110 污水处理服务	282 废物处理和除污	9000	90
		94120 槽罐排空和清洁服务	282 废物处理和除污	9000	90
	B) 废物处理服务	94211 非危险性废物收集服务	282 废物处理和除污	9000	90
		94212 非危险性废物处理和处置服务	282 废物处理和除污	9000	90
		94221 危险性废物收集服务	282 废物处理和除污	9000	90
		94222 危险性废物处理和处置服务	282 废物处理和除污	9000	90
	C) 卫生和类似服务	94310 垃圾和积雪清扫服务	282 废物处理和除污	9000	90
		94390 其他卫生服务	282 废物处理和除污	9000	90
	D) 其他	94900 其他环境包含服务	282 废物处理和除污	9000	90
其他服务类别中的环境服务					
商业服务	A) 专业服务(如 7421 和 7420 工程服务)	83131 环境咨询服务	280 建筑、工程和其他技术服务	7421	7420
		83139 其他科学和技术咨询服务	284 其他商业服务	7421	7420
	B)专业服务(如城市规划)	83221 城市规划服务	280 建筑、工程和其他技术服务	7421	7420
		83222 景观建筑服务		7421	7420
	C) 自然科学研究和开发服务	81110~81190	279 研究和开发	7310	7310
	D) 其他商业服务(如技术测试和分析服务)	83561~83569	280 建筑、工程和其他技术服务	7422	7430
	E) 其他商业服务(如农业附带服务)	86111~86140	283 农业、采矿业和其他现场处理服务	0200	0201, 0202
	F) 其他商业服务(如渔业附带服务)	86150	283 农业、采矿业和其他现场处理服务	0500	0501, 0502
	G) 其他商业服务(如相关科学和技术咨询服务).	83510~83550	280 建筑、工程和其他技术服务	7421	7420
建设和相关工程服务		54111~54800	249 建设服务	4520~4550	4521~4550
旅游和旅游相关服务		63110~63300	957 食宿和酒店服务支出	5510, 5520	5511~5552

国际贸易服务统计手册为国际贸易服务方面的统计编制和报告在广义上建立了国际公认的框架。通过各种形式，介绍了对该类型服务贸易更详细、更具有可比性和更综合的统计的日益增长的需求。手册符合 1993 年国民核算系统和国际货币基金组织收支平衡手册第 5 版的要求，并与之明确相关。

BOP 统计数据是服务贸易数据的有用来源。废物处理和除污的综合数据通常在所有欧洲国家都可用。但是，获得子章节以及分散在其他行业的其他环境服务的数据还比较困难。

环境服务在 EBOPS 中的分类代码为 282 “废物处理和除污服务”，包含一些与废物管理有关的服务。废物管理包括的服务特别包含在 NACE 类别中。分散在其他类别的其他环境服务也在表 4.2 中说明。例如，很显然很多其他环境服务分散在其他行业，尤其在咨询和工程方面。

可找到服务出口数据的其他来源还包括环境保护支出账户。

来自环境保护账户的数据

EPEA 的表 B1[①]反映了环境保护不同类别的供应和使用(表 4.3)。从国内生产开始进行了一些增补、删减和重估。

表 4.3 表 B1 EPEA 的环境保护活动的供应-使用表
(源自：SERIEE 环境保护支出账户——编制指南)

项目		非市场环保服务	市场环保服务	辅助环保服务
使用	最终消耗	X	X	—
	加上中间消耗	—	X	X
	其中由专业生产商	—	X	—
	其中由其他生产商	—	X	X
	加上集资(和改善)	x	x	(x)
	加上出口	—	(x)	—
	等于总使用(以买方价格计算)	X	X	X
供应	输出(基价或生产成本)	X	X	X
	加上进口	—	(x)	—
	加上不可抵扣增值税	—	X	—
	加上增值税以外的进口税	—	(x)	—
	加上增值税以外的产品税项	—	(x)	—
	减去产品补贴	—	(x)	—
	等于以买方价格计算的总供应	X	X	X

注：X：重要；x：通常很小；(x)：通常非常小/可忽略不计；—：不相关/按定义为零

① 一些例子可在欧盟统计局的“SERIEE 环境保护支出账户——编制指南，卢森堡，2002”的第 80 页找到。

原则上，进口为增加，出口为减少。因此，EPE账户，尤其是表B1，是环境服务贸易数据的极其有帮助价值的来源。但是，这只限于通常由专业服务生产商(专业生产商)提供的环境服务。

尽管如此，SERIEE/EPEA编制指南强调环保服务的进口和出口通常是非常有限的。特别地，它强调一些需要检查的特殊情况以避免出现错误，如在另一国家处理废物的市区的跨境废物或废水处理、放射性废物处理或其他特殊的境外废物，以及在另一国家的废物回收利用。

能找到的服务出口数据的其他来源还包括商业登记表以及来自增值税登记表和调查的估算。

很多原因都会导致上述方法不可行或不可信，如NACE分类不允许定义EGSS，企业产品分类不能反映环境性和非环境性货物之间的区别或不包括服务等。最可行的选择还是调查。

4.6.3 在调查中询问出口数据

为了通过调查收集最准确的出口数据，若环境技术或货物来自机构的主要或次要业务，且出口层次属于每项环境技术和产品，避免非环境技术和产品的汇编信息的最好方式是要求每个机构提供环境技术和货物的产出清单。

因此，收集的数据包括按环境技术和货物类型分类的出口数据。通过这种方式，从事完全的环境业务的机构将提供机构的全部出口数据，而从事环境和非环境业务的机构可将只与环境技术和货物相关的出口数据分离出来。

这就是德国的案例(见附件11中的调查问卷)。

4.7 评估数据质量

编撰数据所用的方法应符合结果的可接受质量标准，并确保不同国家间的数据具有可比性。这两项要求对于统计数据的用户来说都是非常重要的。

也有很多与所选方法无关的常见任务和问题。例如，在调查时如何说服企业寄回答复函；如何处理来自政策制定者及企业的需求以减少答复的负担；如何最大利用有限的预算和/或办公人员等。

但是，决定何为最适合的方法将取决于国家的具体情况(如国家优先项目、可用预算和员工、调查传统等)。信息的收集应以节省时间和资源为宗旨，并产生稳健的结果。

确保最大可能的涵盖部门(企业和政府)、经济业务(市场/非市场、主要/次要等)、输出(环境技术、货物和服务)及环境业务(环境保护和资源管理)，使全部经济贡献都得以评估，这是至关重要的。

由于不同的数据收集方法会带来一些有关数据可用性、数据覆盖范围和资源效率等问题，因此应采用能最好地获取信息的方法。

例如，某些涉及 EGSS 的机构可能没有包含在 EGSS 的数据库中。如前段所述，在 EGSS 数据库中可通过现有统计数据和登记册从不同源头获得机构的数据。按此方法操作时可与调查数据合并，得出更完整的环境生产数据，同时减轻问答的负担。把两者所得的信息整合起来，可用于建立 EGSS 的国家估算。当所有数据都编制好以后，该信息就可以被统计用户应用(商业上进行市场分析；商会用来研究环境行业的表现；政府用来拟定政策；研究人员……)。

数据的质量可通过估算遗漏的部分或识别不一致的地方来进行分析和改善。在不同源头(利用国家层次的管理数据通过官方统计系统计算出的调查或统计数据)有类似统计数据的情况下，应进行辨识并对差异部分进行分析，并尽可能进行量化。

两套由不同数据来源或调查产生的统计数据之间的差异可能是因为数据收集程序的不同或不同报告单位产生了不同的估算。

这种情况可通过标杆管理(例如对年度结果进行每月或每季度统计)或合并不同结果的方式得以改善。

因此，可对不同来源的 EGSS 统计数据进行分析和比较，并尽可能通过使用如 SERIEE 环境保护支出账户(EPEA)的会计框架等取得平衡。

其他可能的信息来源(主要用于重复检验)是将收集环境信息作为其日常业务的组织。例如，环保机构通常收集信息作为其监管项目的一部分。负责就业和培训政策的政府组织可能通过各种项目获得商业数据以创建环境就业。关于废物管理和污染治理的进一步信息可从研究数据库或开发项目中获得。

行业协会或专业商业协会是 EGSS 信息的另一来源。行业协会定期发布 EGSS 部分的信息，某些协会定期向其成员发布数据。但是，为了获得更客观的数据，不建议将协会用做数据来源，只在辨识环境货物和服务行业的机构时用于重复检验。

附件 10　需求方方法

本附件含有需求方信息以及需求方和供应方相结合的方法[①](图 A10.1)。

① 更多信息可自经合组织/欧盟统计局环境产业手册(1999 年)获取。

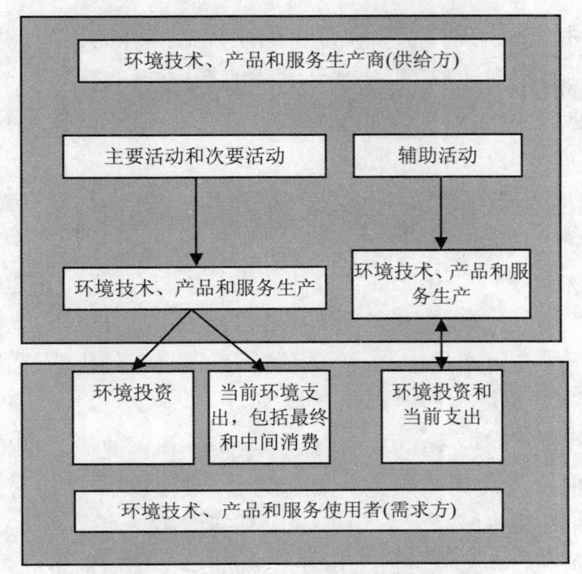

图 A10.1　供应方方法和需求方方法的比较

需求方方法

需求方方法的特征是，其使用的信息用于对环境技术、货物和服务进行量化。一般实现途径是搜集与环境保护和资源管理开支相关的数据。

使用需求方数据对 EGSS 的变量进行估计时，该方法需要获取就业数据、国家/地区生产数据以及进出口数据。获得的结果可覆盖整个环境产业(包括次要业务、辅助业务及某些政府业务)，且包含一部分清洁技术。

这里的问题是，结果分析受支配于隐含估计的假设，数据也可能是错误的。尽管分析辅助活动(对于整个环境产业而言)的营业额和就业影响(间接就业)是可行的，但是出口数据未包含在内。然而，需求方方法可以协助提供和改进环境货物和服务行业的数据。

需求方方法将搜集所有环境货物和服务支出相关的数据(不考虑其数据来源)，该方法将包括辅助业务的相关数据，不包括非环境货物和服务的生产数据(即便该数据来源于环境货物和服务的主生产商)。另一方面，尽管可以使用较直接的方法估算在各个领域的环境保护工作中支出的费用，支出数据并不能准确地识别相关产品的种类。

环境技术、货物和服务的消费者的总支出也是生产和 EGSS 营业额的代名词。然而，采取某些预防措施是必要的。消费者支出种类与生产(分为国内生产和进口生产)相关。国内生产可产生国内营业额，而进口生产是一种不产生国内营业额的支出。为了得出国内营业额，需扣除进口的生产量并补充出口的生产量，因为出口的生产量能够产生国内业务(无国内支出和消费)。

此外还可以通过生产量(依据环境货物、服务和技术的使用情况)获得环境行业的就业数据。

与消费相关的 EGSS 人口涵盖企业、家庭和公共机构。各个环境领域的消费被转换为支出、经常性支出或资本。

业务支出可分解为不同的产品。每种产品涉及的生产又分为国内生产和进口生产。与进口生产相反，国内生产(即便以出口为目的)可创造就业岗位。因此，进口的生产量应当从总生产量中扣除。相反，为满足海外需求而出口的生产量(可创造就业岗位)应补充到总生产量。

对于这些不同的生产类型，可以使用就业人数和营业额之间的比率(不含业务所在行业的税收)估算就业岗位数量。举个例子，该比率可以通过针对特定业务实施的年度业务调研或某些产品聚合组的国民核算获取。

其中一个限制是需要做出更多的假设。需求与生产挂钩(以近似值的方式)，生产又与就业挂钩(以其他近似值的方式)。

按照需求方方法，可以使用公共和私人支出的统计数据或估计为输入/输出计算来获得最终需求向量。输入/输出表格描述了经济体内生产商和消费者之间的购销关系。这项分析要求将输出转化为企业的就业岗位，可以利用各个行业内的人力需求、工时和生产效率数据来实现这个要求。使用企业/职业矩阵和相应的就业/输出系数有助于估计由环境支出诱导的就业岗位数量。

另一方面，可以使用污染防治数据衡量更清洁的技术和产品。但是，在解读这些策略时存在若干注意事项：SERIEE 方法认为“更清洁的”技术和产品的生产成本要高于清洁度较低的其他产品。在这种情况下，只有额外成本才会被视为环保支出。这需要将清洁产品的价格与替代产品的价格进行比较。然而，供应方方法记录了更清洁的技术和产品的总体成本。此外还存在污染水平和生产成本较低的技术。也就是说，在实践中，如果某家企业研发的引擎价格更加便宜且恰好采用更加清洁的技术，那么无需产生额外成本。此外，由于难以估计(例如如何界定更清洁的产品)，该数据也许会低估更清洁的产品和更清洁的(集成)技术的支出，这体现了估计的片面性。

需求方方法可确保数据一致性，并且能够提供关于 EGSS 经济变量的信息。它支持评估辅助业务，避免了在识别和估计多功能产品的环保成分方面碰到的问题。

然而，结果分析服从于估计值中的假设。总而言之，需求方方法在信息交叉检查方面为供应方估计提供了非常有用的补充，并且为评估 EGSS 的组成部分提供了重要的数据来源，否则将很难获取这些数据(例如辅助业务)。

供应方方法和需求方方法相结合

一方面可以通过综合利用和反复检查这两种方法汇集它们的优势，另一方面可以互相弥补对方的弱点。而且还可以利用环保支出方面的数据更深入地开发一体化的需求/供应方方法，并且将供应方的可用数据与工程数据和案例研究进行整合。

将供应方的信息与环境货物和服务支出/需求进行整合之后，就能够了解环境货物和服务行业的全貌。但是，由于缺乏详细信息，有必要进行更周密的调查。

协调经济生产的供需预测是国民经济核算体系(SNA)中一个不可或缺的重要组成部分。SEEA 和 SERIEE 涵盖环境核算的许多方面，包括为物理术语中特定的环境资产设定核算账户，并为这些资产赋予经济价值。在这种情况下通过绘制一个供给和使用表具有重要的意义，因为它可以识别环保货物与服务。

综合使用这两种方法有助于核对会计记录中的信息，同时可以更加全面地了解环境货物和服务产业的营业额和就业概况。另外，通过提供良好的预测依据，它还有助于评估营业额和就业所产生的影响。

附件 11 通过调查进行变量估计

调查是实现数据覆盖和确保数据质量的最佳方法。但是，这种方法存在某些不足，例如实施成本，尤其是在人口稀少或很难与这些人口进行接触的区域，EGSS 就面临这样的状况。该附件列出了这种方法的优点和缺点，并对使用该工具的国家进行举例说明。有必要指出的是，调查问卷中使用的定义并不总是与本手册采用的定义一致。

精准性是问卷调查的主要优势，因为它可以提供非常详细的信息。然而，为了接收到中肯的答案，调查问卷的填写指引应当易懂，不要过于复杂。标准化的问卷设计和管理是指在答案方面提供很少的灵活性，以便应对对问题(问卷出发点)有所误解的受访者，从而确保问卷的效力。但是，可以针对某些受访者单独开展目标明确的问卷调查以满足实际需求。

为获取与营业额、增加值、出口以及已投入市场的环境货物和服务的生产过程中就业的劳动力相关的信息，调查是一个不错的工具。但是，我们可能很难通过调查去了解次要活动和非市场活动中的营业额和就业数据。

就环境业务的覆盖范围而言，一部分人口通常不在调查范围之列，这是统计学里面的一个正常现象。此外还存在的风险是：数据中含有的信息可能和环境货物和服务无关。调查的疏忽大意，或现有机制无法辨别环境货物、服务、技术及非环境产品、服务、技术，都有可能导致引发此风险。

在现有调查中添加问题

为减少调查实施成本，可将 EGSS 上的问题添加到现有调查问卷中的“经济支出”或“环保支出”或“创新”统计数据一栏。

与 EGSS 相关的问卷调查内容可以发送给收到其他问卷调查的所有单位或子样本。这些内容可以全部导入“主调查问卷”或单独以问卷活页的形式进行，或标为其他颜色以显示不同的主题。

通常很难在这些现有调查中新增大量问题，例如调查问卷中的变量数量、具体分类以及详细的说明。

这种方法的主要优势是其使用的现有调查结构(流程)可以减少统计机构的基本调查任务实施成本(例如打印成本、发行成本和数据输入成本等)。

另一个优势是可以灵活导入其他变量。与重新发起一项调查相比，在现有调查中额外添加一个变量通常更加容易。

主要的不足是，问卷调查的受访者通常为该领域的非专业人士，因此在其掌握的资料、知识或关注度方面无法有效完成问卷调查或对 EGSS 变量做出准确的回答。此外，与受访目标明确、调查指引更详尽的独立问卷调查相比而言，受访者产生的总成本更高。

建议在实施非独立型问卷调查时将主要精力放在受访者不受访及受访质量方面的相关问题上。

一个明显的风险是，对环保问题重视不足。因为环保问题在问卷调查中只占一部分的内容，问卷调查主要致力于解决其他问题且受访者并非该领域的专业人士。因此可能导致收到的数据质量低下，拒绝受访人数的比例过高。尤其应当注意处理那些在环保问题上回复不完整的问卷，这可能是因为受访者拒绝回复或对环保问题提出的意见过少所导致的。

另一个需要考虑的风险是，如果受访者不熟悉问卷主题或收到的问卷指引不够充分，那么他们最终针对 EGSS 的定义和分类做出的回复就会过多或过少。还有可能出现估计不足的风险，但有经验表明，企业通常急于表现出保护环境或自然资源的立场。此外，企业还倾向于汇报其掌握(或考虑)的信息，即便这些信息与调查问卷中的定义和界定条件无关。这是个常见的问题，但非独立调查的风险可能会更高，这是因为它们所涵盖的变量数量有限，所以无法对 EGSS 的定义和分类提供更广泛的反馈意见。

匈牙利以现有问卷调查(加补充问题)的方式收集与污染管理、清洁技术和货物以及环境货物和服务相关的信息以供内部使用。产品、服务和结构之间进行区分。根据所属的环境领域对净销售收益、出口额和员工平均人数实施调查。此外还询问总体业务比例以了解净收益、出口额和员工平均人数。

这些问题的实例如图 A11.1 所示。

代码:

1. 污染管理

编号	环境活动	产品			服务			施工	
		销售净回报(HUF)	源于：出口(HUF)	平均就业人数/人	销售净回报(HUF)	源于：出口(HUF)	平均就业人数/人	销售净回报(HUF)	源于：出口(HUF)
	a	b	c	d	e	f	g	h	i
1	空气								
2	废水								
3	市政液体废弃物收集和处理								
4	危险废物(收集、处理和处置)								
5	非危险废弃物(收集、处理和处置)								
6	垃圾回收和循环使用								
7	土壤、地表水和地下水整治和净化								
8	噪声和振动消除								
9	自然和景观保护								
10	环境研究与开发								
11	环境咨询、环境管理体系								
12	教育、培训								
13	其他								
14	1~13 总计								
15	机构总体活动比例/%								

分析了产品、服务和建设项目。每一项都调查了销售收入、出口和就业。这些都根据环境活动的类型分类、如环境领域。

来源：对产品、服务和施工进行了分析。 每个受访者均分别接受了销售、出口和就业调查。分类按照环境活动类型进行，如环境领域。

2. 清洁技术和产品

编号		销售净回报(千福林)	出口(千福林)	平均就业人数/人
	a	b	c	d
1	清洁技术			
2	清洁产品			
3	合计(1+2)			
4	企业总体活动比例/%			

更加清洁的技术和产品是在单独的表格调查的。

清洁技术和产品以独立表格进行调查

3. 自产自用环境货物和服务

生产辅助活动的支出在单独的表格调查。

编号	a
1	自产自用环境货物和服务

辅助活动生产支出单独调查

图 A11.1　匈牙利 EGSS 调查

采用定向调查

一项为环境部门所设计并实施的调查显示，应解决下列问题：目标总体与样本设计、开发并设计调查问卷、误差检测、错误归纳与估计、质量评估与修正/调整。

目标整体包括全国范围内运营的机构，即参与生产整体或部分环保技术与货物，或为所有经济部门提供环保服务。

至于其他任何调查，一旦确定目标整体，应根据需求决定所需样本。样本应尽可能反映环保产品及服务部门的结构。

调查问卷应详尽说明该调查的原因与目的，同时应指导如何整编问题答案，以避免不恰当的反应。

关于该调查问卷的制定，经验表明：问卷长度越长，反应率越低。因而建议特定的调查至少应收集标准表式所呈现的四个经济变量：整体单位明细账的营业额、增加值、就业与出口。

建议调查问卷应包括一项过滤机制，确保机构之间保持明确区别以满足EGSS所包含或不包含项目的定义。可以通过以下方式进行，例如，在调查问卷开头明确机构为何收到该表格的原因，若其未参与环保业务该如何应对(例如要求其详细说明其业务)。上述举措将排除将某些不提供环保技术、货物与服务的机构纳入目标整体的情况。因此，所得结果的报告与分析可能存在的问题将可以避免，特别是在整体程序方面。

以提供环境或非环境产出的业务为例，建议要求受访者识别并报告其所能确定的环保业务的比例，以确定如何分配。

在一般情况下，建议根据调查费用与较低反应率的可能性，考虑任何附加信息要求。

定向调查是提供技术、产品及服务的出口信息的最佳与最全面的工具。例如，可以提供信息并将其作为环保营业总额的一部分，根据其主要目的归入有限的分类。

德国已经为与环境保护相关的产品及服务制定了详尽的调查问卷。调查数据来自于所调查企业所生产的环保货物种类，以及所调查地方单位因销售该货物所获得收入。若该销售收入属于提供环保服务所得收益，则必须填写一份额外表格。

该调查问卷包括表格、定义与说明。在该问卷末的脚注中还列出了定义及一份关于仅用于环境保护的产品列表。

EGSS 调查问卷启用后可能产生不同的变化。涉及有限受访者的试点研究可以作为一种手段，以对内容和术语展开初步测试。可以开展一系列一对一采访企业行为，以测试并收集调查问题的反馈意见。

理想情况下，分类应保持不变。然而，在明显涉及环保技术、货物与服务类别的扩展与变换的方面将存在重大改变。

理想情况下，该调查问卷应送至一位联络负责人。该联络负责人应当或是负责，或是了解该机构与环境相关的操作。应采用电邮、电话与传真的方式跟进以刺激被动受访者或与非持续反应的受访者保持反馈。

应在数据录入过程中应用有效性测试。

若企业所包括的这些机构的数目对于常规数据收集而言过大，在该情况下为便于报告，可以不通过上述机构，而通过其他较大的报告机构收集数据。这些报告所包含的数据随后将根据相关特征分配至个体机构。

可以参与自动程序填妥并交回问卷(例如，可以确认所有相关材料已经填妥，且根据历史数据，所报告数值在可接受范围之内)。

在可能的情况下，数据应在受访者的协助下予以纠正。

可以通过采用历史或行政数据进行统计调整，或通过归纳(取代)具有相似特征的受访者所提供的一致数据的方法，解决残留错误、丢失数据或数据不一致的情况。

作为最终估计成果的一部分，应考虑采样数据以得出代表目标总体的估计。

每年同比数据比较应由该部门，该环境领域及该类业务执行，同时兼顾调查过程的任何变化或可能影响 EGSS 的任何政府法规或政策变化。

同时，应修正与调整每年与上一年度的变更。

该调查方法的设计应旨在控制错误并减少对调查的潜在影响。然而，该调查结果可能在一些领域存在误差，包括覆盖面、无反馈、反馈、处理及在有限范围内的采样误差。

调查受访者的邮件列表应与不同的行业目录进行比较，并补充统计、注册等方面的信息。通常，每年都将会有新机构纳入该调查。应对不符合 EGSS 规定的机构持续开展研究。这将有利于持续更新并验证该调查框架所应纳入的各个机构。

附件 12　重复计算问题

缩小 EGSS 范围使其仅包括主要生产商可降低重复计算风险和高估供给商和分销商生产活动所产生的 EGSS 营业额和就业率的可能。

但是在主要生产商之间依然有可能出现重复计算，因为有的环境技术、货物或服务可以用在对其他环境输出生产中。考虑到两种业务都能导致对环境行业规模的高估。因此，为避免对输出(以供随后使用)和中间消耗之间的重复计算，有必要做一些假设。

根据 SERIEE，应计算并扣除 EGSS 生产商在 EGSS 技术和产品的中间消耗以量化营业额。这意味着对 EGSS 技术和产品中间消耗的量化。

但是，对于进行次要环境业务的生产商来说，不可能估计(不经具体调查)到底一个单位特定产品中间消耗的哪一部分被用来从事次要环境业务，因为通常次要业务的重要性不大，可以假设特定产品的整个中间消耗都与主要非环境业务相关。当生产单位同时从事某辅助业务时，就可采取如下所述防范措施。

当非专业生产商从事某项辅助环境业务时，可通过具体调查估计该辅助业务的输出。既可以将特定产品中间消耗相关部分纳入辅助输出估计之中，也可不纳入。这一个解决方案需要一份更为详尽的调查问卷(如从事特定业务中购买的垃圾或污水处理服务)。因此，简便起见，假设所有环境服务的中间消耗均与主要业务相关。

该假设避免了重复计算，同时要求将生产商从事的特色服务的中间消耗作为一个整体。但是，由于可对生产单位的总使用以及后续国家支出的相应部分进行正确估计，如减去生产商间从事的特色服务的中间交付，则可得到辅助输出。

要避免重复计算，就必须减去中间消耗[①]。但这需要对该数据进行反演，难度较大。

在 EGSS 分析时不需要考虑中间消耗。根据谁是消费者，谁是生产商，选择是否从环境营业额中减去中间消耗。

表 A12.1 汇总了存在中间消耗的不同情形。

表 A12.1　EGSS 中包括的与不包括的中间消耗的类型

	非 EGSS	EGSS
非 EGSS		IC1
EGSS	//	IC2

· 在 EGSS 分析中不考虑非 EGSS 生产商对非 EGSS 产品的消耗。

· 采取需求方方法时，在 EGSS 分析中须考虑非 EGSS 生产商对 EGSS 产品的消耗。

· EGSS 生产商对非 EGSS 产品的消耗属于第一种中间消耗类型(IC1)。EGSS 生产商采购非 EGSS 产品(如多头产品)时，则须即时排除此类多终端产品供给者。

① 唯有需要计算 EGSS 的 GFCG 数据时，需要减去固定资本形成总额；但 EGSS 需要量化的变量不包括该数据。

计算采购非 EGSS 产品的 EGSS 生产商的中间消耗可估计多终端产品供给规模，如 IC1。

EGSS 生产商(ICT)的总中间消耗 IC1 和 EGSS 产品(IC2)的中间消耗差额即 IC1，必须计算并在营业额量化过程中将其减去该数据以免出现重复计算。这意味着 EGSS 生产商的另一个变量的量化，如总中间消耗(ICT=IC1+IC2)。

·EGSS 生产商对 EGSS 产品的消耗即第二种类型的中间消耗(IC2)。EGSS 生产商可从其他 EGSS 生产商那里购买 EGSS 产品。需计算该数据并在营业额量化过程中将其减去以免出现重复计算(这符合 SERIEE 会计准则和规则)。这意味着对 EGSS 生产商，除目前已考虑到的变量(营业额、增加值、就业率和出口额)之外的另一个变量的量化，如 IC2。

在 EPEA 的表 B 和 B1 中，也建立了对适用产品和连结产品(按生产商特征划分)的消耗。EPEA 和未来的 RUMEA，向一个 EGSS 生产商子组(如环境服务专业生产商)提供此类中间消耗数据。

实际上表 B 提供了：

· ICT=总中间消耗

· IC2=EP(或 RM)服务以及适用产品和连结产品的中间消耗

· IC1 = ICT–IC2

附件 13　各国实例

本附件包括对该部门已开展研究的国家(澳大利亚、比利时、加拿大、法国、德国、匈牙利、荷兰和瑞典)的 EGSS 营业额、增加值、就业率及出口额的估计。

每个国家使用两种建议的数据汇编方法(如现存登记簿法/统计法或调查法)中的其中一种。其中比利时、荷兰和瑞典使用了登记簿法，德国和匈牙利使用了调查法，加拿大和澳大利亚同时使用了两种方法。法国使用了需求方方法。

每个国家均使用了自己的方法体系。各个国家对部门的定义和分类有所不同，偶尔与本手册不一致。

营业额

荷兰

严格地讲，不收集营业额数据，因为营业额近似为生产数据。因此营业额也包括存货。

根据国民经济核算(2003)，生产包括所有用来销售的产品价值，包括未售出产品以及所有服务收益。生产还包括自产自用产品与服务的市场等价物。生产以基础价格估值，定义为生产商接受的，除贸易和运输毛利、税收余额和产品补贴以外的价格。此即生产商的最终价格。

荷兰中央统计局提供了供应方信息(源于现有登记簿和统计)和其他现有数据来源如需求方信息、行业协会、黄页等。

使用供应方信息的优势在于可以涵盖私营企业和国有企业。其他几种方法需要更深层次地考察与环境相关的次要和辅助业务的营业额、环境相关的技术与服务以及清洁产品和设备的营业额。

核心产业使用的最重要的资源是可进行直接汇总统计的国民经济核算。此外，按照 IAGT 生产信息[①]在 NACE 代码子类和环境统计数据适用的环境领域之间的分配对其进行分解。

对于非核心产业，最重要的数据信息资源是商业登记册。使用几个其他商业登记册建立一个包括环境相关咨询和技术在内的企业数据库。对于该行业的生产商而言，估计营业额时假设此类变量与就业人数成比例关系。

对政府而言，营业额按成本进行估计。荷兰中央统计局将环境相关总成本视为辅助业务产生的内部营业额。环境成本信息可从荷兰中央统计局环保部门获得。

瑞典

瑞典国家统计局使用供应方方法估计 EGSS 营业额。因此数据的采集过程集中在环境货物和服务供给和资源管理上。营业额由 NACE 根据环境领域、地区和地域统计单位采集。瑞典国家统计局使用的数据为小企业增值税登记册和商业登记册及大企业年度报告。

由于整体营业额为非核心环境行业，尽管该行业仅有一小部分与环境业务相关。但据悉 EGSS 业务的实际营业额处于核心环境行业营业额和核心行业与非核心行业总营业额之间。然而为了对总价值进行更好的估计，我们试图研究更好的估计方法。

在某些领域，如可再生能源，需要进行更精确的估计。例如，在发电厂以不同燃料生产热能和电力的领域，使用 49%的可再生能源发电的某发电厂和仅使用 2%可再生能源的发电厂将被划分为同一类型。使用两个分类组(核心行业和非核心行业)时，尽管其对环境行业的贡献不同，但发布第二行业统计结果时，会将受雇人员和营业额进行加总。

如将实际生产的可再生能源份额与这些企业的营业额相乘，则估计结果会更

---

① “供给和使用表集成系统”IAGT 标准。

精确。这主要与非核心行业相关，因为前提是假设环境生产超过50%的单位为环境企业，无论其具体份额是55%还是100%。

为了确定是否可能使用能源统计局提供的更详细的信息改进数据库中非核心类行业的统计结果，我们做了一项研究。能源统计局提供的信息和某些实际生产的可再生能源份额的信息可以为次要机构的分类提供补充。既可使用每个发电厂所占的精确份额，也可通过稍不精确的指定由特定生产商小组生产的可再生能源份额来确定。

有的因素导致不确定性。能源统计局使用的是一年多以前的数据，这意味着使用了旧信息，例如与某个企业相关的信息可能已不存在。有些情况下，也需要进行粗略估计和推测。商业登记册和能源统计局所提供数据间的差异通常会导致需要一些估计。事实上，商业登记册以其对不同唯一识别号码为基础进行统计，很遗憾，能源统计局与商业登记册上某企业的信息并不总是相符。因此当两者不一致时，就需要进行特定估计。

份额信息输入在其他业务中也会出现，而不仅仅限于可再生能源的生产。

比利时

比利时使用的是供应方方法，以环境货物和服务供应方主要业务和次要业务中的生产数据为基础，结合需求方辅助业务数据。

供应方方法主要采集环境货物和服务可用性信息。采集此类信息的常用工具是对生产商进行调查。但环境核算的一大原则是使用既有数据。

比利时从事环境业务的企业数据来源于结构性商业调查、比利时国家银行汇编的收支平衡表以及国民经济核算。

需求方方法的特色是采集环境货物和服务需求信息。数据来源于比利时环境保护支出账户(1997~2002年)。该数据被用来估计辅助业务营业额。

比利时收集的数据为生产、就业、规模和定义为环境行业企业的NACE类别。

对比利时环境行业进行评估时，建立了一个包括从事环境业务企业的数据库。其中包括私营企业和国有企业、大型企业和个体户或非盈利机构。属于环境行业范畴机构的范围因此也十分完善。尽管如此，由于范围有限，而仅整合了增值税纳税机构，部分一般政府或非市场业务可能被排除在外。

一旦对特定企业的在环境领域的任何输出业务进行了登记，那么该企业就会被加入数据库。唯一的区别是主要业务(超过50%的业务为环境业务)和次要业务(不足50%的业务为环境业务)。

以营业额替代生产量。由于比利时环境行业主要由服务供给者主导，因此存货和成交产品的变动很小。

特定生产商的生产数据(从事的业务 100%为环境业务)已从中央资产负债表办公室单独提取出来了，并根据税收登记完成了生产数据采集。初级生产商的总输出数据也纳入其中。

次级生产商的详细生产数据由结构性商业调查发布，并将其与可视为环境货物和服务的产品列表进行了比较。

由于未涵盖整个次要生产商领域，环境生产占总生产的平均份额被确定为每个 NACE 类别。这些份额被看作是在每个单独的 NACE 类别中被确定为次要生产商的企业的总生产。因此可以假设属于同一 NACE 级别的企业占环境业务的份额是相同的，同时假设产品列表百分之百是环保的。

使用环境保护账户估计被作为辅助业务生产的环境产品和服务。这些账户中的辅助业务数据来源于比利时国家统计局。

奥地利

奥地利国家统计局从 SBS 和其他统计出版物中收集 EGSS 营业额的数据。

由于当时 NACE 的分类预见性不足现只能获得环境领域的数据。原因是通过环境投资补贴和促销活动获得的数据未在 NACE 类别中详细说明。

奥地利国家统计局使用供应方方法并通过特定环境货物和服务生产商选择调查对象。用来辨别机构和收集数据的方法因环境领域的不同而异，因为数据来源的可获得性有所区别。以下是一些例子。

奥地利国家统计局认为有机农场为可持续农业领域的清洁技术生产商。可持续农业因此被定义为“因其使用外部能源资源的可能性最小，并利用自然的自我调节机制为土壤而非植物提供营养，可尽最大可能实现养殖周期循环并保护环境资源，因而是最具环境相容性的农业形式”[①]。该领域的数据来源于 AMA(一个提供农业投资补贴的机构)，AMA 拥有一个补贴和相关投资清单。可补贴农业领域的清洁产品为生态食品，主要是生态牛奶。该领域的营业额被假定为生态食品的家庭消费。因此对于此类产品使用了需求方方法。

在 PRODCOM 代码中也有其他清洁产品，数据来源于奥地利国家统计局的短期统计资料。

在资源管理一组中，可持续林业按欧洲森林保护第二次部长级会议(1993 年召开于赫尔辛基)上提议的内容定义：“以某种方式管理和使用森林和林地，该发展速度可维持其生物多样性、生产力、再生能力和活力，并能满足其目前和未来一段时间内地方、国家和全球层面上相关的生态、经济和社会功能的发展潜力，并

① www.lebensministerium.at

不对其他生态系统造成危害。”

有如下 6 个标准：

a. 森林资源——转化并适度改善森林资源及其对全球碳循环的贡献。

b. 健康与活力——维持森林生态系统的健康与活力。

c. 森林的生产功能——维持并强化森林的生产功能(木材和非木材产品)。

d. 生物多样性——维护、保护和适当强化森林生态系统的生物多样性。

e. 保护功能——维护并适当强化森林管理的保护功能(尤其是水资源和土壤)。

f. 社会经济功能——维护其他社会经济功能和状态。

该领域的数据来源于对接受了某些环境补贴的机构进行重新分配后的数据库。

可再生能源领域的数据为根据能源负债平衡表估计的结果。为此，奥地利按照所产能源产量乘以价格获得该行业的营业额。

循环领域数据来源于年度报告和调查。目前已获得再生纸和其他材料的数据。再生纸的价值以再生纸产量和每吨价格(价格信息源于一个回收企业)为计算基础，并以澳大利亚造纸行业协会提供的信息为依据。

供水领域的数据来源于对接受了某些环境补贴的机构进行重新分配后的数据库。水提纯、水分配及处理相关业务已单独列出。饮用水处理成本源于各市镇。

在排放检测领域，澳大利亚将二氧化碳排放量时段数量乘以其价格以获得该领域的营业额。

在噪声领域，澳大利亚考察的是公路沿线的防噪声墙。每千米造价乘以里数为该行业的营业额。

环境研究和发展数据源于短期统计资料年度报告。

有的分支机构按基于环境咨询研究和专家意见的因素(环境份额)来计算。基本数据源于 SBS。计算数据以 NACE 第一次修订版业务分类为依据：

· 37.10：金属废料和碎屑回收(产值的 100%)。

· 37.20：非金属废料和碎屑回收(70%)。

· 45.11：建筑物拆除和毁损(75%)。

· 45.32：保温作业活动(100%)。

· 51.57：废旧材料批发(15%)。

· 73.10：自然科学和工程研究与经验开发(3.8%)。

· 73.20：社会科学和工程研究与经验开发(3.8%)。

· 74.11：法律活动(3.8%)。

· 74.14：商业和管理咨询活动(3.8%)。

· 74.20：建筑和工程活动及相关技术咨询(3.8%)。
· 74.30：技术测试与分析(3.8%)。
· 92.53：植物园、动物园和自然保护区活动(100%)。

就业

奥地利

在就业人数变化不定的情况下，奥地利统计局采用了一种估算方法。然而，只有非完全环保型的企业才能进行这种估算。对于完全环保型的企业，数据采用短期统计和 SBS 方式进行编制。

因此，对于非完全环保型的企业，奥地利统计局提取专业企业的生产率并用于生产以便确定就业情况。奥地利统计局假设非专业企业环保从业人员的生产率与专业企业的相同。

比利时

比利时选用供应方方式，主要基于为主要和次要业务提供环境货物和服务的供应商的生产数据。主要领域和次要厂商的经济数据在方法和来源方面存在差异。

有关主要厂商(环保型生产超过 50%)的就业数据直接来源于官方数据库。对于专业厂商(100%环保型)，采用的是就业总人数。

对于次要厂商(环保型生产不足 50%)，将《结构商用调查》中所发布的详细生产数据与能够被当作环保产品或服务的产品列表进行了比对。该列表基于 CPA 编码和 1999 经合组织手册，与比利时的情况较为吻合。

由于该调查未能全部涵盖次要厂商，对于每种 NACE 类别，确定了环保生产在总生产量中的平均份额。对于从事环保业务从业人数，假定与各个不同 NACE 分类中环保生产在总生产量中所占的份额相同。

同时假定，与 NACE 分类同级的有关企业，其环保活动份额也相同，列出的产品 100%是环保的。

尚未获得有关辅助业务从业人员的数据。多数情况下，辅助生产也可能由同一家企业内从事非环保活动的人员担任。

法国

IFEN 将环保工作定义为：那些以环保为主要活动的组织内的工作。但同时也采用另一种定义：通常在经济活动中(市场活动或非市场活动)因考虑到环保而存在或形成的工作。这种定义十分宽泛，因为它涵盖了间接形成的所有工作，包括因收入再分配而形成的工作。

就业评估范围由与环保相关的支出来确定。这些支出按活动类别细分成不同的产品。在这些产品中，有具体的设备，如焚烧炉，也有相关产品，如垃圾箱。

与生产息息相关的各个产品又分为国产或进口。国产，即使不是用于出口，也会创造就业，而进口则截然相反。因此，进口是要从总生产量中扣减的。相反，出口是境外需求，会创造就业，但是却不产生支出，属于增加。

针对各个生产类型，采取某个行业或某几个行业中雇用人员数量与不含税营业额之间的比率来评估相应的工作数量。这个比率取自对明确的活动所进行的年度商业调查或一些产品汇总的国民经济核算。对于正在审查中的最近年份的临时估算，按行业划分的比率一般尚未可知，因此这个估算乃基于去年的比率以及相应部门国民经济核算的大概趋势。

因而，这些假设是比较有说服力的。

- 该比率为某个产品或服务类型的平均比率。
- 对于某些产品类型，比率大致相同。例如“专业产品或设备”同时也用于“其他设备”类。
- 如果是由一家私人企业、公共厂商提供的，或者属于一家企业的辅助业务，那么同样的环保服务适用同样的比率。

由于这些估算和比率均来自数据收集链的末端，同样会受到以前总体级联估算质量的影响(特别是产品术语表中环保产品和设施的认定问题)。

IFEN 得出结论，通过国民支出来估算环保就业仍不完善。

荷兰

荷兰统计局所采用的就业定义源自国民经济核算(2003 年)。就业量涵盖“所有人专注于生产产品和提供服务的所有工时”。它以全职等效工作来表达。

对于员工来说，一份全职等效工作等于该工作年合约工时除以在企业分支机构被视为全职的年合约全职时间。

对于个体经营者，全职等效工作等于该工作正常每周工时除以个体经营者在企业相同的分支机构每周 37 小时或以上的平均每周工时。

在环保行业内的完全就业情况是最容易获取的。数据通过目前的统计依照 NACE 分类获得。

对于主营业务为环保业务的其他企业来说，如果其业务是按照 NACE 分类(如环保监控与分析[NACE 74303])单独记录的，劳动统计能够直接提供数据。否则，对于将环保作为次要业务的企业也采用同样的方法。

对于业务未按照 NACE 分类单独记录的其他企业，按照黄页形成列表，该表格可找到参照的 NACE 编码。然后，通过商业登记表获取信息。

对于辅助业务，就业人数采用基于环境成本和支出的信息调查(环境统计部)进行估算。所采用的方法随环境领域的不同而不同。

对于与环境有关的协调活动，就业人数能直接从统计中推导出来。

对于与环境有关的研发，由于这些成本除以研发领域一名员工的年工资，就业人数通过相关研发成本信息(假定仅由人工成本构成)确定。

对于其他领域如废水管理、空气污染控制、土壤修复、噪声和振动管理，可获得现行成本的信息。荷兰统计局已经按照各环保领域每个员工的成本对成本进行了计算。由于假定辅助业务的生产结构与环保服务业相同，将现有成本除以环保服务业相关领域每名员工的成本可得出就业人数。

对于政府来说，业务活动(如废物收集或废水处理)的就业人数等于人力成本除以环保服务业的平均工资。平均工资通过国民经济核算获得。

瑞典

就业变量的数据是通过劳动统计基于行政渠道(RAMS)编制的。劳动统计源自有关机构如环保行业的数据库，因此上述两个信息渠道能够轻松嫁接，从而形成统计数据。瑞典有意从 NACE 行业、环保领域、区域和地方统计单位及各类厂商(公立或私立)获取数据。

采用劳动统计将有关从业人员性别、教育程度、收入水平等有关信息链接到环保行业数据库中。RAMS 提供就业、通勤人员、从业人员和行业结构方面的年度信息，同时说明劳动力市场的存续和流动情况。

这些统计数据基于总人口调查结果，可细分成较小的区域。RAMS 可使数据详细呈现。也可让使用者了解劳动力市场的流量。统计数据每年形成一次，在测定期(11 月份)后约 13 个月呈现。

由于所有的从业人员均作为次要部门(所从事的活动环保型不到50%)来进行统计，即使有一部分与环保活动有关，据称现实从业人员是介于主要部门(所从事的活动环保型超过 50%)和主要次要混合部门之间。但是，由于需要对总量进行更好地估算，曾经尝试寻求更好的统计方法。

加拿大

加拿大统计局对环保部门进行调查[环保产业调查，商界(EIS)①]。这是一次针对加拿大境内运营的所有机构，其中包括全部或部分从事环保产品生产，环保服

① http://www.statcan.ca/english/freepub/16F0008XIE/16F0008XIE2002001.pdf

务提供与环保有关的施工活动的普查。

目前，EIS 收集按区域划分的总收入、环保收入、环保活动类型及环保出口收入等数据。同时，也收集按客户类型和客户地域划分的环保收入方面的信息。

有关就业问题，最近 EIS 将其纳入了问卷调查中，要求对环保就业的比例进行最佳估算。

第一种估算方法：总体水平的比率

由于缺乏基于直接调查结果发布的环保就业数据，大部分研究人员都采用总体水平的比率对企业与环保有关的就业进行估算。一般使用 EIS 报告中的数据计算出总体水平的比率。

所使用的比率为企业集团层级上某项环保收入与总收入之比。再将这个比率用于总就业人数。

第二种估算方法：企业级比率

企业级比率可以替代总体水平比率。采用这种方法旨在计算企业集团层级上环保收入与总收入之比时尽量减少最大贡献者的影响。

然后，计算出每家企业的环保收入与总收入之比。将这个比率应用到企业的总就业人数上，以便估算出环保就业人数。这种基于企业的结果再由企业集团形成总体水平结果。

第三种估算方法：基于输入/输出分类的索引表

在企业、货物和服务的数据结构细节方面得到大大延展，主要体现在加拿大国民核算体系中的投入/产出表上。

创建了 EIS 的环境货物和服务索引表及基于货物标准分类(SCG[①])的产品一览表。

然后，又创建了与环境货物和服务 SCG 一览表配套的第二个索引表及投入/产出产品一览表，由此可以识别具有环保活动的投入/产出企业。

根据 EIS 的结果计算出每个企业环保活动的收入份额。环保收入份额可用作代表，对直接或间接从事环保货物生产或提供环保服务的总从业人数的比例进行估算。这些份额被用于总的企业从业人员，由企业对环保就业进行估算。

这种源于加拿大范例的方法却应用于欧洲情况，并经历了几个阶段：

---

① 货物标准分类 (SCG)是加拿大统计局的货物分类标准。SCG 基于《产品名称及编码协调制度》(HS)，由 SCG 编码的头六位数字组成。http://www.statcan.ca/english/Subjects/Standard/scg/scg-index.htm

第一个阶段是确定环保技术、货物和服务在产品分类，如《产品名称及编码协调制度》(HS)中属于哪种类别。

第二阶段将环境货物和服务与用投入/产出分析的分类产品，如按经济活动划分的产品统计分类中的货物，进行统一协调。这个阶段是对从事环保活动的投入/产出企业进行认定。

这两个阶段是第 3 章所阐述的有关程序的部分内容，目的是为了了解 EGSS 的人口情况。

在前一阶段所确定的每个企业与环保有关的活动的收入份额是通过结构商用统计调查或其他行业调查进行计算的。这个份额为第一阶段确定的环保产品带来的收入与企业的总收入之比。

这些收入份额可用作对直接或间接从事环保货物生产或服务的总从业人数的比例进行估算。实际上，该份额适用于企业总就业情况，以便企业估算出环保就业人数。

从加拿大统计局的情况来看，估算的就业情况取决于数据收集方法。加拿大采用三种方法(累计级比率估算法、企业级比率估算法，直接响应调查法)对就业人数进行估算，结果如表 A13.1 所示，这些结果的差异还是非常关键的。

表 A13.1　不同方法比较下的加拿大环保行业就业情况(来源：2004 年加拿大统计)

行业	累计级	企业级	直接调查响应
1. 农、林、渔、猎	163	267	364
2. 矿产、石油与天然气开采	×	×	×
3. 公用事业	1863	167	2907
4. 建设	16850	16071	3412
5. 化工制造	701	896	459
6. 塑胶产品制造	3408	2853	1615
7. 非金属矿物产品制造	578	566	744
8. 原生金属制造	592	748	1024
9. 金属制品产品制造	1386	1354	831
10. 机械制造	3804	3717	2997
11. 计算机与电子产品制造	679	822	1536
12. 电气设备、器具和部件制造	882	776	64
13. 其他制造行业	851	946	455
14. 批发贸易	14188	14232	7489
15. 零售贸易	279	405	464
16. 金融保险服务	172	192	244
17. 法律服务	406	661	204
18. 建筑与景观建筑服务	307	284	117

续表

行业	累计级	企业级	直接调查响应
19. 工程服务	15937	14465	10544
20. 测绘(包括地球物理)服务	168	228	228
21. 检测实验室	1199	1292	1078
22. 计算机系统设计及相关服务	385	529	485
23. 管理、科技咨询服务	3995	3991	4029
24. 科研开发服务	605	726	431
25. 其他专业、科技服务	537	600	661
26. 企业与企业管理	1071	947	1994
27. 行政与支持服务	812	945	480
28. 废物管理与修复服务	20721	20681	16319
29. 其他服务	×	×	×
所有行业	95041	90883	49968

出口

一些欧盟成员国一直致力于环境货物和服务部门的研究。不幸的是，环保行业中的贸易并没有像其他变量(即营业额和就业)那样受到同样的关注。尽管如此，其中的一些工作所蕴含的一些要素对确定和评估环境货物和服务部门(EGSS)的出口统计所用方法和来源都大有裨益。

在这些国家中，瑞典和荷兰已经对出口进行了深入分析，德国也定期调查其对外的生态产业的营业额。此外，ECOTEC[①]已于 2002 年对所有欧盟成员国进行了一次环保产品贸易评估，结果如下。

在进行环境货物和服务部门(EGSS)研究的国家中，奥地利和比利时的经验是值得借鉴的。

奥地利统计局对环保服务企业进行了初步的调查。这次调查也包含出口方面的问题。但不幸的是，调查结果无法对这些出口情况进行测算。因而，奥地利统计局并不打算将来对出口数据进行再次调查。

比利时统计局办公室编制了一份详细的 EGSS[②]研究报告。尽管报告并未涉及 EGSS 出口方面的数据，但却形成了一份按照 CPA 分类法进行分类的 EGSS 列表。这份列表对出口调查也大有帮助。

下文罗列了一些国家的实例。

① ECOTEC，欧盟生态产业、就业和出口潜力分析，2002.

② FPB，比利时环保产业(1995 - 2005)，2007.

荷兰

在出口数据方面，仅完成了 EGSS 的某些部分(即所谓企业中的“核心”部分：根据 NACE 标题就很容易被确定为完全环保的活动，如 NACE 第 1.1.38 版，物料回收)。

出口被定义为居民从荷兰经济领地中已经出口到世界其他地方的产品。出口服务包括荷兰海外运输企业提供的服务、港口服务、船舶修理服务以及荷兰承包商在国外承包的工程等。出口服务还包括外国游客、边境地区居民和外交人员等在荷兰境内的消费。

业务登记表和贸易登记表是无法建立联系的。因此，出口额可使用 2003 年的进口/出口数据表进行估算。这种方法仅能为整个 NACE 类别提供出口数据。出于这种原因，仅提供了 NACE 第 2.38 版方面的出口数据。

这种方法还可应用到 EGSS 的其他类别中。然而，由于无法得到 NACE 每类环保份额方面的信息，所以要进行评估将是非常困难的。因此，对那些并非 100% 环保的行业使用这种方法所得到的任何数据肯定会对 EGSS 出口估计过高。

为了解决这个问题，荷兰国家统计局也试图使用一种不同的方法。从一份环保产品列表(例如经合组织/欧盟统计局环保行业手册中所包含的列表)着手研究，环保产品都与企业有关。同时，从以产品代码分类(如 PRODCOM 分类)的数据登记表中获得的数据与每个企业一一对应。这样，特定的、与产品有关的环保统计可能会指向特定的 NACE 种类。尽管这种方法在营业额和就业方面被测试过，但荷兰统计局认为基于 PRODCOM 数据库的估算都不太可靠，原因有多种，如它们并不包括诸如建筑行业在内的一些行业，许多产品都是多终端产品，而且在环保产品的环保份额方面也缺乏可靠的信息。

瑞典

在瑞典，有两种含有出口数据的不同登记表：外贸统计(FTS)和增值税登记表。外贸统计表包含的产品，一部分是通过调查收集到的，另一部分则是来自瑞典海关数据。增值税登记表中的出口数据是根据企业申报的增值税进行计算的，那么这可以假定包含了产品和服务。出口采用类似国内营业额计算的方法进行估算。

每家机构都通过其独特的识别码与一家企业联系。通过该企业的识别码——组织机构代码，可以将瑞典数据库连接到不同的、含有出口数据的登记表上，从而为每家企业获得信息。然后，数据将按照加权构建法在企业级到机构级上予以分配。如要估算这种加权，要使用两种不同的方法。

第一个方法就是通过机构所雇佣的人数除以企业所雇佣的总人数的方式来构

建加权。这是最常用的方法。

当涉及到雇员很少或没有雇员的企业时，这种方法就不适用了，而绝大多数能源企业都是这样的情况。遇到这类情况，可使用另一种用机构数量来取代雇员数量的方法，这时出口额将按等份分配到每家企业。

使用这两种方法中的其中一种，为每家企业估算加权。为了确定分配，那么加权乘以企业级出口额即可。

瑞典统计局通过这种方法可以获得其在整个环保行业方面的出口统计数据。然而，总会出现一些问题，如不能确定所有出口收入是否确实都与环保有关。

鉴于这个原因，瑞典统计局也从产品角度对评估该行业出口的可能性进行了调查。

为此，瑞典国家统计局业已采取的首要步骤就是详细阐述了由 8 位数字构成的组合命名法(CN)代码，这是目前可使用的最为详细的级别。

可使用两种方法处理这个资料。

第一种方法包括了将贸易登记表连接到环保数据库上。外贸登记表将记录组合命名法代码、企业的组织机构代码和交易额。瑞典统计局通过这种方式可以查明哪些企业有出口收入，以及用 CN 代码表示的是哪种产品。

出于这个目的，可从机构级到企业级上累加环保行业的数据库，以便外贸统计局从企业级上仅收集数据时能够跟踪到组织机构代码。

因为大约 1000 家企业通过这个分类系统出口涵盖近 2600 个 CN 代码的产品，出现的第一个问题就是要处理大量的资料。

找到的解决方案就是从 CN 代码的更高层级上进行累加，以便使用 8 位数字的 CN 代码级别找出需要进一步分析的热点。

这种方法依赖一种假设：存在许多已被确定的环保企业，诸如瑞典环保行业数据库。

第二种方法就是将贸易登记表连接到现有的假定环保货物清单上。这种方法在研究现有假定环保产品一览表(即经济合作与发展组织清单和亚太经济合作组织清单)方面使用了产品观点。两种一览表均基于已确定的 6 位数字等级的协调系统(HS)代码。

经济合作与发展组织和亚太经济合作组织一览表中的一些出口产品的企业往往都是大企业，从事多种商业活动，而且其主要活动都超出了环保行业的范畴。在瑞典，这些企业本来不包含在环保行业数据库中。因此，不论他们的主要活动如何，也不用担心数据会日益膨胀，货物/货物观点提供了一次在该数据库中涵盖这些企业的契机。

事实上，这种产品方法可用来计算那些属于环保行业范畴内的商业活动的份额。计算这种份额的一种方法就是用属于环保货物一览表范围内的产品出口总额除以某特定企业所记录的总出口额。

在对使用纯货物/货物观点持反对意见的人中，瑞典统计局强调了已失去环保行业重要部分(即服务)这个事实，因为只有环保货物包含在HS代码中，使用增值税登记表估算服务被视为是一种补充工具。

德国

自1996年以来，德国已调查了主要的环保货物及服务生产商。这项调查是以一种分散的方式进行的。从这个意义上来说，德国联邦统计局(FSO)负责协调方法，编制调查问卷和出版物；而Länder的16家统计局则具体负责此次调查的实际执行(即寻找要进行被调查单位，进行数据收集和验证)。

就德国而言，环境保护就是指服务减排目的的产品、施工运营和服务。

减排就是避免、减少或排除生产和消费对环境所造成的破坏性影响。德国调查涉及“废物管理”、“水资源保护”、“降低噪声”、“空气质量控制”、“自然和景观保护”、“土壤净化”和“气候保护”等环保领域，但安全工作方面的货物、施工运营和服务等却不在此列。

生产商所指明的营业额并不包括分包商所实现的营业额或其他非环保货物。营业额要求按照环保货物进行细述。

所有相关的生产商必须就其每种环保货物或服务所产生的营业额予以报告。其中，一部分是由国内客户实现的，而另一部分是来自外国客户。因此，德国调查可能包括出口数据。

为了使Länder能够更加轻松地找到大量的环保货物和服务厂商，并替那些企业填写调查问卷，德国中央统计局编制了一份环保货物和服务表格，每年更新一次。

经与行业协会和高等院校磋商后，德国中共统计局编制了这份表格。

这些产品根据《EGSS 经济合作与发展组织/欧盟统计局手册(1999年)》的规定又可细分为环保货物、环保服务和施工工程三种类别。每种货物均含有一个五位数字的代码。第一位数字表示货物类别(产品、服务和施工工程)。接着，根据构成该货物的主要原料进行区分，这就构成了第二位数字。例如，就货物来说，0表示纺织品，1 表示木材，等等。第三位数字则表示环保领域。根据《EGSS 经济合作与发展组织/欧盟统计局手册(1999年)》规定，环保领域不仅归因于一种产品，而且还可使用SERIEE方法。最后两位数字则与活动类别(规划、度量、过程控制等)有关。

调查结果每年发布一次。最新可利用的报告是2007年的报告，涉及2005年进行的调查结果①。

出口报表将根据货物、服务和施工等类别按照目的地国(欧盟、非欧盟)进行编制，也可采用《德国企业部门分类》(2003 年版)按照企业行业进行编制。这可以很容易地转换成相应的 NACE 代码(在三位数字的等级上)。

ECOTEC (2002 年)和安永会计师事务所(2006 年)

除收集环保开支方面的数据外，ECOTEC 和安永会计师事务所还分别于 2002 年②和 2006 年③为所有欧盟成员国进行了环保货物方面的贸易评估，分析集中在可获得其贸易数据的关键货物上。所采用的贸易代码如表 A13.2 所示。

表 A13.2　2002 年 ECOTEC 在环保技术分析中所采用的贸易代码

环保领域*	产品	贸易代码
空气污染控制	空气过滤和净化机械和装置	8421.39-30
	液体工艺烟气(不包括空气)过滤和净化机械和装置	8421.39-51
	静电工艺烟气(不包括空气)过滤和净化机械和装置	8421.39-55
	催化工艺烟气(不包括空气)过滤和净化机械和装置	8421.39-71
	其他工艺烟气过滤和净化(不包括 8421 39-51 至 75)机械和装置	8421.39-99
水污染控制	其他液体过滤和净化机械和装置	8421.29-90
	活性碳	3802.10-00
	离心泵，潜水式，单级	8413.70-21
废物处理	垃圾焚烧熔炉（非电）	8417.80-10
	工业实验焚烧炉零部件	8417.90-00
监控设备	液体测定和分析仪	9026.80-91 9026.80-99
	烟气或烟雾分析仪(电子的)	9027.10-10
	烟气或烟雾分析仪(非电子的)	9027.10-90
其他环保设备	烟气和液体过滤与净化机械零部件	8421.99-00
	其他工业和实验用炉（非电）	8417.80-90

* 遵守《经合组织/欧盟统计局 环保行业手册》；来源：2002 年的 ECOTEC

目前尚不清楚这些贸易代码能收集到的环保产品在整个贸易中所占的比例。由于数据有限，少数国家(通常是强大的出口商)仅可能对根据贸易代码分析所估

① 德国联邦统计局(DESTATIS), Umsatz mit Waren, Bauund Diensteleistungen, die ausschließlich dem Umweltschutz dienen 2005, Statistisches bundesamt, Wiesbaden，2007.

② ECOTEC，2002 年的欧盟生态产业、就业和出口潜力分析。

③ http://ec.europa.eu/environment/enveco/industry_employment/pdf/ecoindustry2006.pdf.

量的出口与环保行业供应商所报道的出口进行比较。结果表明：这些国家根据贸易代码所收集的订单仅占整个贸易的 25%。然而，这个比例在整个环保类别中变数很大。有限的证据表明：就空气污染控制来说，比例极可能是 50%，但污水处理和废物管理方面，很可能不到 20%。而且，这些比例也可能因国家的不同而有所差异。

所采用的欧盟贸易代码来自 1994~1999 年期间所采用的一种时序列的欧盟统计局 COMEXT 数据库[①]。外贸分析仅涵盖了可运输货物的交易，不包含服务交易。分析主要针对欧洲以外的贸易，特别是对欧盟 15 国及被选国之间贸易流的调查。还计算了每个欧盟成员国的贸易差额。

① COMEXT 是用于欧盟统计其成员国外贸的数据库。

第5章　标 准 表 格

标准表格是用于收集并管理全欧洲环境货物和服务部门(EGSS)相关数据的工具，它以本手册中描述的方法和分类为基础。本章旨在介绍如何使用标准表格及指南。

起草标准表格是为了对各种分类问题做出回应，例如：

· 就营业额、价值增长、就业及出口情况(按经济变量分类)而言，环境货物和服务部门(EGSS)的大小、竞争性及增长情况如何？

· 一般政府及企业就环境保护及资源管理(按机构分类)应承担的责任范围如何？

· 哪些部分的经济活动能够产生环境技术、货物和服务(按经济活动分类)？

· 环境技术、货物和服务主要集中在哪些环境领域(按环境领域分类)？

· 环境货物、服务和技术有哪些不同的类型(按产出的类型分类)？

5.1　标准表格的结构

标准表格包含16张表：

· 5张引导表主要包括关于标准表格的内容与方法及如何填写标准表格的说明。

· 7张表是需要填写的数据表。

· 4张数据表是按照分类及变量自动归纳数据。

引导表主要针对以下内容及方法进行说明：

· 引言：主要包括获取各类信息的联系地址。

· 标准表格的内容：包括一个与所有其他的标准表格具有超链接关系的表格。

· 备注部分：介绍用于环境货物和服务部门(EGSS)文本和标准表格的定义(类别、程序、变量、环境领域等)。

· 方法：信息必须通过受访者进行传递。该表格对用于估算各变量价值的相关方法问题进行了重组。

· 技术、货物及服务的示例：是按照各NACE分类及其所参照的环境领域而专门提供。该示例列表仅涉及企业，并不详尽。

数据表由1份EGSS(企业及一般政府)各组生产商的表格，1份变量数据表(营业额、附加价值、就业及出口额)以及汇总了各类变量合计的数据表组成(图5.1)。

因此，该数据表包括：

· 4 份企业数据表及 3 份一般政府数据表(因未包括政府出口额)

· 4 个汇总了各变量(营业额、附加价值、就业及出口情况)的数据表。这些数据表都是自动生成的。

INDEX Environmental Goods and Services Sector

eurostat

Index

数据表	说明	
引言	关于欧共体环境货物和服务部门的统计数据收集的说明	仅供参考
注释说明	就如何填写标准表格进行说明	仅供参考
方法	要求国家主管部门提供用于收集数据填报于标准表格的相关方法信息。	待完成
企业-案例	该数据表给出了一些包括在 EGSS 中的活动、产品及服务，及其按照环境领域分类的示例。	仅供参考

数据

变量	题目	说明	类型
营业额	企业-营业额	企业营业额数据表	待完成
	政府-营业额	政府营业额数据表	待完成
附加价值	企业-附加价值	企业附加价值数据表	待完成
	政府-附加价值	政府附加价值数据表	待完成
就业	企业-就业	企业雇用情况数据表	待完成
	政府-就业	政府就业数据表	待完成
出口	企业-出口	企业出口数据表	待完成
合计	合计-营业额	各行业营业额合计	自动计算
	合计-附加价值	各行业附加价值合计	自动计算
	合计-就业	各行业就业合计	自动计算
	合计-出口额	各行业出品情况合计	自动计算

图 5.1 标准表格的结构

5.1.1 引言部分的简要说明

注释说明部分包含标准表格的概述(表 5.1)、报告指令以及所采用的分类方法说明。更为详细的内容请参见现行指南。

表 5.1 标准表格的概述

国家：	年份：																					
	企业	A. 环境保护										B. 资源管理										
出口额 单位：	指标	CEPA1	注	CEPA 1.1.2 和 1.2.2	注	…	注	CEPA9	注		注	CReMA10	注	CReMA11	注	…	注	CReMA16	注		注	A 类和 B 类总和，按国民经济行业分类
国民经济行业分类		周围空气和气候保护		保护气候和臭氧				其他		总和		水资源管理		自然森林资源管理				其他		总和		
	总产出																					
	辅助活动所占份额																					
	非市场活动所占份额																					
	专项环保服务和单用途环保服务																					
	单用途环境产品																					
	改良品																					
	末端处理技术																					
	综合技术																					
国民经济行业分类 (GB/T4754-2011)																						
A01	农业																					
	辅助活动所占份额																					
	非市场活动所占份额																					
	专项环保服务和单用途环保服务																					
	单用途环境产品																					
	改良品																					
	末端处理技术																					
	综合技术																					
A02	林业																					
	辅助活动所占份额																					
	……																					
	综合改进技术																					
……	……																					

见表 5.5

见表 5.3

见表 5.6

见表 5.4

方法表格要求形成 EGSS 统计(例如：调查、通过环境支出进行测算、商业注册、模型等)的国家对所采用的方法进行说明。在该表格中，要求对如何从各变量及各组生产商中获取数据进行详细说明(例如：企业的营业额、一般政府的营业额等，表 5.4)，同时也要求提供某些元信息，例如各国 EGSS 统计的联系点。

企业示例表格的单元格中包含某些可在 EGSS 中找到的环境货物、技术及服务(表 5.2，表 5.3)。这些示例并不详尽，它们仅仅是一个涵盖尽可能多的信息的指南，同时对分类问题进行说明。此外，如数据表所显示，那些没有任何数据的行都用阴影标注了出来，例如环境产品、技术及服务的种类，这些将不会作为特殊的 NACE 分类而出现在表格中。

但是，这并不意味着标注了阴影的单元格是没有完成的内容。如果各国收集到了某些标注了阴影的单元格的相关数据，则应增加脚注以给出更为详细的有关产品和/或生产商的信息。这将有助于扩展示例列表的范围，同时确保各国数据的一致性。

表 5.2　自然环境保护 CEPA 等级概述(ST 列)

A. 环境保护																						
CEPA1		CEPA1.1.2 和 1.2.2		CEPA2		CEPA3		CEPA4		CEPA5		CEPA6		CEPA7		CEPA8		CEPA8.1.2		CEPA9		
环境空气及气候的保护	脚注	气候及臭氧层保护	脚注	污水管理	脚注	废弃物管理	脚注	土壤、地下水及地表水的保护和修护	脚注	噪声及振动的消减	脚注	生物多样性及景观保护	脚注	辐射防护	脚注	研究与开发	脚注	关于气候及臭氧层保护的研究与开发	脚注	其他	总计A	脚注

表 5.3　自然资源管理 CReMA 类别概述(ST 列)

B. 资源管理																									
CReMA 10		CReMA 11		CReMA 11 A		CReMA 11 B		CReMA 12		CReMA 13		CReMA 13 A		CReMA 13 B		CReMA 13 C		CReMA 14		CReMA 15	CReMA 15.5.1		CReMA 16		
水资源管理	脚注	森林资源管理	脚注	森林面积管理	脚注	森林资源使用量的最小化	脚注	野生动植物管理	脚注	化石能源资源管理	脚注	可再生资源形成的能源产品	脚注	热/能源储存及管理	脚注	化石能源作为原料的使用量的最小化	脚注	矿产资源的管理	脚注	研究及开发(R&D)	可再生资源形成能源产品的研究与开发	脚注	其他	合计	脚注

表 5.4 企业及一般政府的行为类型及输出分类(ST 列)概述

企业	一般政府
辅助活动	*辅助活动*
非市场活动	*特定及单用途环境服务*
特定及单用途环境服务	*单用途环境产品*
单用途环境产品	*改良品*
改良品	*末端处理技术*
末端处理技术	*综合技术*
综合技术	

5.1.2 数据表概述

各数据表均会提到变量、使用的单位(如百万各国货币、千名全职员工等)以及相关生产商的类型(一般政府或企业)。国家的名称及参考的年限也同样被提及。

数据

各个数据表都包括以下元素的列和行:

· 行反映的是生产商分类。就企业而言，采用的是 NACE 第 2 版的二位数分类法。尽管如此，完成详细的汇总程度的标准表格仍然是可能的(如汇总二位数或高于 NACE 等级或采用 NACE 部分)。就一般政府而言，按照欧洲统计系统 1995(ESA1995)给定的政府层次进行细分。另外，对企业及一般政府而言，标准表格中行的数据包括 1 种额外选择的细分方法，以显示辅助活动部分，并为不同类型的输出产品提供数据(如专项环保服务、单用途环境服务、单用途环境产品、改良品、末端处理技术以及综合技术)。仅对企业而言，标准表格中数据表包含 1 个额外的行，用以记录非市场活动部分的数据。

· 根据 CEPA 及 CReMA 分类标准，表格中的列反映的是环境领域。因此，企业及一般政府的数据表中的列是完全一样的，而行的内容是不同的。

标准表格的电子表格文件允许用户隐藏/显示列及行的详细内容，以减少打印的表格量。过滤行/列仅仅是为了更简易地处理表格，而非阻碍完成数据表中所有的单元格。

环境保护组的数据合计(如 CEPA 等级)和资源管理组的数据合计(如 CReMA)是自动计算生成的。

各类生产商变量的总值是不能自动计算的，因为受访者可为标准表格选择不同的详细等级(如从 NACE 2 位数到 NACE 部分)。

脚注

脚注列也是各个环境领域及各个合计列的合并(如 CEPA 和 CReMA 等级)。

脚注应参见用黄色标注的脚注列。脚注按字母表顺序排列，并用右括号分隔。脚注文本应输入在各数据表下的黄色区域，各脚注文本应排列在相对应的脚注参考内容提要前。

针对一个数值，各国可能会采用不止一种脚注参考，例如：a)b)e)h)。如果发生这种情况，必须在各参考内容中间留出位置，因为右括号已作为一种分隔标志。给出的脚注参考列宽度有限，因此有可能部分注脚参考内容会被隐藏。然而，这并不会影响数据及元数据的处理。

表 5.5 标准表格的脚注区域

脚注区域: (脚注参考+文本) --> 说明
A. 脚注参考 **1)** 脚注参考内容应被输入数据区域(E4：V102)的脚注列中(黄色标注)。脚注参考内容应是按字母表顺序排列的，用右括号分隔。 例如: **a)** **b)** **c)** 请不要使用**任何其他的格式**来完成脚注参考！ **2)** 可以在数值旁边键入不止 1 个脚注参考，例如：a)b)e)h)。 当这样做时，不必在相邻的脚注参考间留出空隔，因为右括号就是分隔符。 **3)** 给出的脚注参考列宽度限制，有可能部分脚注参考被隐藏。但这并不会影响给出的数据及元数据的处理。 **B. 脚注文本** **1)** 该文本右边用黄色标注的区域对应**脚注区域(E103：E138)**。在该区域内，可以在<u>脚注列</u>(数据区域 **E4：V102**)对应已输入的脚注参考键入**脚注文本**。 **2)** 脚注文本的位置应在相应的脚注参考的前面。 例如: **a)** 这是数据区域里第 **1** 个脚注文本，该文本对应脚注参考 **a)**。 **b)** 这是数据区域里第 **2** 个脚注文本，该文本对应脚注参考 **b)**。 **c)** 等等…… **3)** 当输入脚注文本时，不必在脚注参考和脚注文本间留出空隔，因为右括号就是分隔符。 **4)** 每个脚注文本只用 **1** 行来完成，无论文本内容多少。 **5)** 当要从数据区域将脚注参考**完全删除**时(如数据区域不再有任何数据时)，请**不要忘记同时删除脚注区域中相对应的脚注文本**。

每个表格底部用黄色标注的区域均对应脚注文本区域。在该区域中，各国可针对相应的脚注参考键入脚注文本。脚注文本应位于相应的脚注参考之前。当键入这些文本时，不必在脚注参考与文本间留出空隔，因为右括号就是分隔符。每个脚注参考仅使用 1 个文本行，无论文本内容多少。

5.1.3 企业数据表的具体描述

企业数据表与 NAMEA[①]工业空气排放表的内容一致，所需要的第一细节是 NACE 等级(2 位等级)。如果不能完成 NACE 的 2 位数单元格(如果某些数据具有机密性)，则临时合计作为 1 种选择以完成这些数据。这些临时合计将部分 NACE 等级进行重组，例如，C23-25 等级包括金属制造活动或重组 NACE01-03 形成 NACE 第 A 部分，农业、渔业及林业。

对生产商的每个 NACE 等级，均要求提供以下信息：

· 总价值(按照 NACE 各类别的标题行进行填写)；
· 总价值中与辅助活动相关的部分；
· 总价值中与非市场活动相关的部分；
· 总价值中与专项环保服务及单用途环境服务、单用途环境产品、末端处理技术及综合技术相关的部分。

数据表中的某些行的颜色是加深的。这些颜色加深的部分表示技术或产品类别并未包括在生产商的相关 NACE 等级中。然而，如果反馈者在这些单元格中填报了数据，则应添加脚注以详细说明这些相关的技术及产品。

5.1.4 一般政府数据表的具体描述

一般政府数据表细化了统计单位的变量的值，如政府等级(中央、地方及当地政府)。

5.2 如何填写标准表格？

5.2.1 总体建议

使用 EGSS 手册中列出的定义和标准

有关制造及服务供应商的特定统计数据应采用经认可的定义及分类方法进行编辑。就环境货物和服务部门而言，标准统计并没有包括该领域综合且被认可的定义及分类方法。因此，推荐采用第 2 章中给出的有关环境货物和服务部门的定义及分类方法。

---

① NAMEA(包括环境账户的国民核算矩阵)是一种将各种类型统计数据有机结合的框架结构，它将来自统计系统不同部分的经济与环境信息结合在一起。

要求各国尽可能按照给定的标准及定义填报数据。若不能按此进行，则应给出补充信息，对数据的覆盖范围或质量进行说明，以确保所提供数据能与其他国家的数据进行比较。此类基础数据应填写在方法表格中，或以脚注的形式填写在表格中。

环境领域划分

环境部分(企业和一般政府)开展与环境保护(EP)或资源管理(RM)相关的活动。

区分环境保护或资源管理领域的办法在第 3 章中有明确的介绍。

部分 CEPA 和 CreMA 类别被细分到子类。以涉及大气领域的 CEPA1 为例，它被细分为环境空气保护、气候与臭氧层保护。关于 CreMA11 森林管理和 CreMA13 能源管理也都被细分到子类。CEPA8 和 CreMA15 也进行了细分，以获得与气候保护及再生能源研发相关的数据。

只要有可能，都应提供子类，例如最具体的价值，而不是 CEPA8、CreMA11、CReMA 13 和 CReMA 15 的合计。这些合计是自动计算生成的。

针对各经济变量及机构部分，环保保护价值(CEPA 值)与研发价值(CreMA 值)的合计也是自动计算生成的。

机密性

机密数据应妥善地被传送到欧洲统计办公室，同时标注“c”小旗帜。根据各国依照欧共体现有的统计数据机密性规定而制定的统计数据保密政策，来确定数据是否被视为机密数据。

通常而言，从公共机构收集的数据不会被作为机密数据。以统计为目的，对公共信息的间接使用也不会被视作是需要保密的。机密性问题通常发生在国家统计机构开展的(取样)研究中，以及通过数据可获取反馈信息者身份的情况中。当数据单元的信息来自 1 个或 2 个反馈者的时候，这种情况可能会发生。

通过标注“c”，各国也可明确哪些数据单元应被视为机密数据，以避免通过数据的派生导致泄密(这通常是指二级机密性)。

欧洲统计办公室将根据各成员国提供的数据，包括保密数据，来计算合计及指标。

各国应在方法表格和/或脚注中提供相关的保密信息。

再计算

EGSS 统计的主要目标之一是在一段时间内，继续该部分的开发。为使其能够开展，应当考虑采用更好的方法或新指标(可用的数据发生变化，以前的方法不再适用，有可用的新方法，出现了新数据，发现错误……)，对所有年份均应进行再计算，以获得连续时间内的序列数据。

如果在整个时间周期内进行了再计算，则应在方法表格中提供与这些再计算相关的说明信息。

5.2.2 企业数据表格

NACE 等级

企业领域的环境产品、技术及服务供应商被分散在各个NACE类别中。这种分解是NACE二位制分类。各国应优先采用这种企业细分二位数分类类别来完成标准表格。若不能完成二位制NACE划分的所有详细内容，则可采用合计的方式。然而，如果已完成了数据表的详细内容，也应要求信息反馈者在数据表中合计部分明确合计值，以确保环境领域总合计值可自动计算生成。

对各个二位制分类等级，应输入各变量合计，在合计下面是关于技术或产品的小计(专项环保服务及单用途环境服务、单用途环境产品、改良品、末端处理技术及综合技术)。但如果不能给出具体的数值，则可采用NACE等级求和或汇总。

注：适用性产品及综合技术。

在EPE统计中，仅填报在适用性产品及综合技术方面支出的环境部分。在EGSS文本中，应填报生产、就业等项目的总计值。这就表明在环境支出值与EGSS中填报的数值之间不能进行比较。

方法表格中应明确数据收集过程中已包括的适用性产品的相关信息。

辅助活动

各 NACE 分类或汇总要求为内部使用而形成的环境技术与产品提供相关信息，例如辅助活动，该单元格应予以填写。即便辅助活动是常规服务，例如废弃物与废水的管理，也可在其中发现技术及产品等附属产物。辅助活动价值旁边的脚注应对数值的内容进行解释，例如是何种类型的技术和产品。

5.2.3 一般政府的数据表格

一般政府被定义为中央、地方及当地政府、主管部门、社会团体以及关于立法、监管、控制、研究、信息和教育等方面的政府机构。这些表格涉及公共服务条款，免费提供给用户，并主要由政府预算提供财政支助。但这并不包括由公益企业所提供的产品和服务，例如废弃物和废水处理厂。

那些被明确定义并被单独记录在从属于企业部分的一个 NACE 区域内的政府环境行为，应包含在企业范围，而非政府范围。

各国应优先采用该分类等级来完成标准表格中的数据表。如果用这种分类等级无法完成所有的内容填报，则可采用政府合计的方式。

企业与一般政府间的分配不当

大城市中的某些公有企业或部门应归为企业部分的特定 NACE 分类。例如，某些国家城市的废弃物和废水处理部门即属于这种情况。因此，它们必须被记录在企业表格中。

按照 NACE 分类，国家统计业务登记可能在行为分类方面包含某些错误。这种情况尤其可能出现在废物处理领域的非市场活动中，这类行为一直被记录在企业表中。针对这种分配错误的情况，这类行为应记录在标准表格的左侧机构部分。

5.3 如何打印标准表格？

在标准表格的扩展表文件顶行与数据表的第 1 列有一些按钮，这些按钮可删除/增加列/行的详细程度。

- 当各列的详细程度降至最低时，则可按其原格式的 70%打印表格(可通过选择菜单页，将所有的页边距设置为 1 厘米)，并且根据为各行选择的详细程度，可使打印页数降至原格式的 4/10。
- 当采用列的最大详细程度时，可按原格式的 51%打印表格(可通过选择菜单页，将所有的页边距设置为 1 厘米)，并且根据为各行选择的详细程度，可使打印页数降至原格式的 3/7。

隐藏/显示功能只用于打印/显示表格，而在填写表格时，该项功能无任何作用。

第 6 章　数据的提出及说明

针对该行业的特性，应谨慎处理 EGSS 数据。本章对数据提供给出了一些提示。

EGSS 收集的数据可按不同的等级进行分析(图 6.1)，包括：

——通过**经济变量**进行分析。通过比较 EGSS 数据与经济变量可得出某些令人感兴趣的图形，这些数据反映了该行业的主要特点，并且涉及就业、营业额、增加值及出口方面。甚至这些变量可被用于提供生产力和竞争力方面的信息。

——通过**经济领域**进行分析。在对企业和一般政府进行比较时，该项分析可提供某些信息，例如公共业主的重要性以及私有化进程也可对企业及一般政府进行更深层次的分析，以提供不同 NACE 子领域的环境行为(为企业)以及管理层(为一般政府)的重要性信息。对企业而言，通过数据分析可检测辅助活动的重要性、外部采购的发展以及相关的市场及非市场活动的重要性。

——通过**环境领域**进行分析。通过比较环境领域与 EGSS 数据可反映一个国家环境程序的特殊性主要集中在哪些领域。该项分析非常重要，因为大部分的环境企业仅仅侧重于一个环境领域，而每个环境领域的竞争情况非常激烈。与环境保护支出费用数据相比较，EGSS 分析也可反映各国环境保护重点领域。

——通过**时间数列**进行分析。就业、营业额、增加值及出口的时间数列可反映 EGSS 的进程、增长情况及竞争力。

——通过**环境输出**进行分析。通过比较各类环境货物、技术及服务数据可得出某些结论，例如与末端处理技术相比较可得出清洁与资源节约技术的重要性。给出了适用性产品的独特性，应特别关注这类环境产品的生产商。

这些分析可通过不同的详细程度来实现，内容详见第 6.1 节。

当为 EGSS 提出数据时，附上其他相关统计数据非常必要，例如有关环境压力的统计数据。当对各国提供的数据进行比较时，选择正确的变量以建立有意义的指标也是非常重要的。

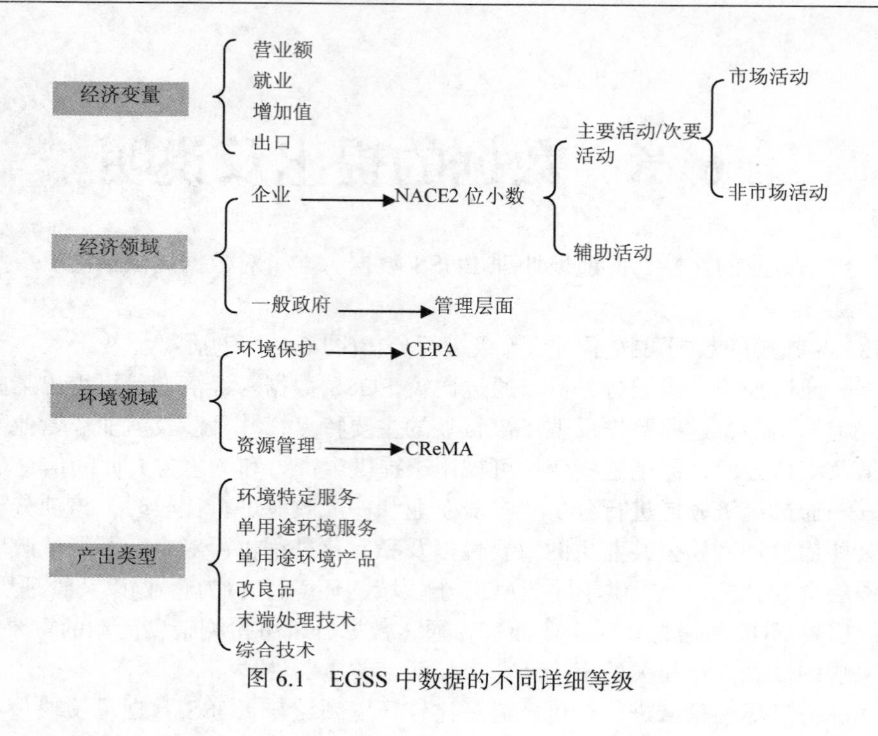

图 6.1　EGSS 中数据的不同详细等级

6.1　通过经济变量进行分析

6.1.1　营业额

环境领域及经济部门的营业额总量显示了最大的环境活动以及关于营业额的NACE 组别。

然而，营业额并非反映对国民生产总值(GDP)贡献最大的领域。因此，从经济学观点来看，所有营业额合计并不能反映该领域的重要性。实际上，这是重复计算的问题，这就意味着作为其他环境技术、货物或服务生产的中间消费的那部分环境技术、产品或服务的产出也被计算在内。因此，营业额仅能作为反映该领域大小的一项间接指标。

图 6.2 中虚构示例说明了 EGSS 总营业额的 70%是由环境保护活动中获得的。就营业额而言，最大的环境领域是废弃物管理，其营业额约 10 亿欧元，约占环境领域总营业额的 1/5。其主要原因是废弃物管理立法刺激了需求的持续增长。再生能源的总营业额约 5500 万欧元，是资源管理组中最大的一部分。

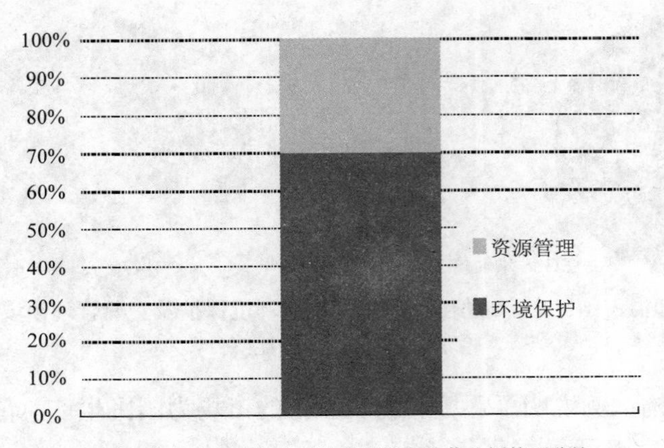

(a) 环境保护与资源管理的营业额占总营业额的百分比

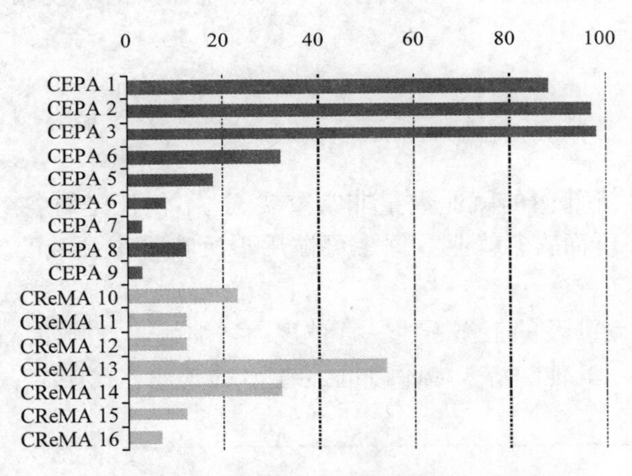

(b) 环境领域中 EGSS 营业额，单位：百万欧元

图 6.2

6.1.2　增加值

环境活动的增加值反映了这些活动对国民生产总值(GDP)收入测算的贡献大小。

环境领域及经济部分的增加值总量反映了涉及增加值的最大环境活动及 NACE 小组。

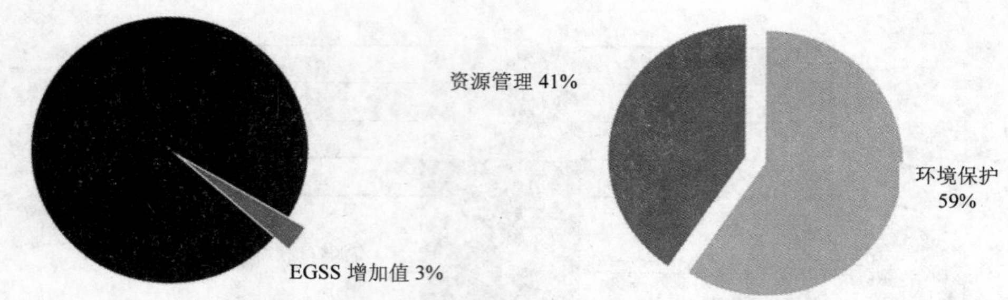

图 6.3　EGSS 增加值占国民生产总值的百分比(左)；环境保护及资源管理领域增加值占 EGSS 增加值总额的百分比(右)

图 6.3 的虚构示例说明了环境货物及服务的市场为国民生产总值的 3%。EGSS 增加值的近 60%来自于环境保护领域。

每个雇员分摊的增加值可反映对各领域及环境保护活动投入资本的密集程度。

6.1.3　就业

环境领域及经济部门的就业数量非常重要，这不仅仅是对各 NACE 组别环境活动的重要性评价而言。就业数据也可被用于反映一个领域的生产力及劳动强度。

然而，环境活动涉及的工作不应一直被视为增加就业。例如，再生能源方面的就业一部分就是从其他经济领域(例如能源生产的其他方式)转换过来的。

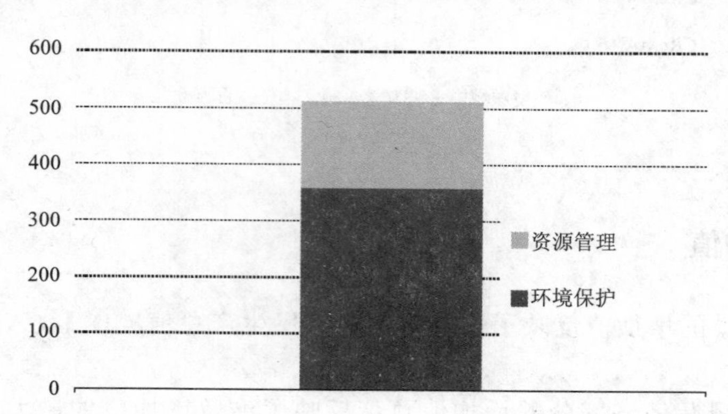

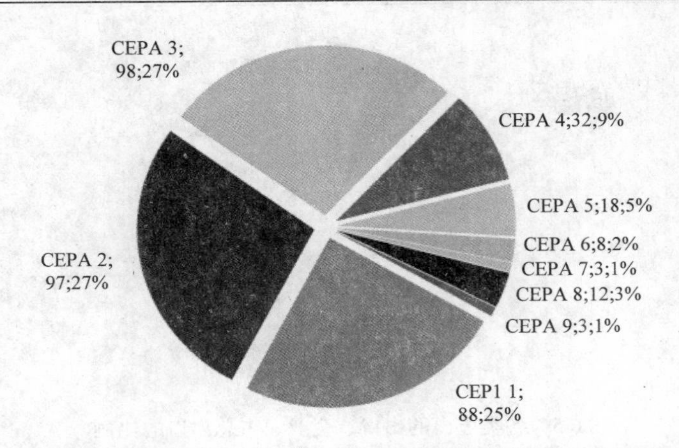

图6.4　环境保护与资源管理领域的全职职工就业情况(千人)(左)；在环境保护领域就业的全职员工，占环境保护总就业的百分比(千人)(右)

图6.4中虚构示例反映了环境保护及资源管理方面的环境就业，总计超过50万个工作岗位。其中的大部分来自于废弃物管理方面的工作机会(CEPA3)。从事提供环境技术和产品生产的大部分就业也集中于废弃物及废水领域。其原因是这些领域都是劳动密集型领域。

6.1.4　出口

对出口数据的分析有助于回答下列问题:

·就环境行业因出口而带来的收入所占百分比而言，各国的排名情况?

·该排名是否反映了不利的竞争情况?

·如果存在竞争的不利情况，那么它是行业范围的还是局限于某些领域?

最大的环境活动的出口与营业额可反映各企业的贸易绩效的信息。

各国的出口情况分析能反映出口到其他国家的环境货物及服务总量，以及主要出口到了欧洲及全球哪些国家(出口的地理位置分布)。

环境货物及服务领域的国际化程度随各类活动而发生变化。总体而言，越模块化的货物越容易出口且实现国际贸易，例如空气污染控制装置及污水处理设备等。而类似咨询和废弃物管理等工作，主要是依赖于国内的市场需求，因此更趋向于国内市场层面。

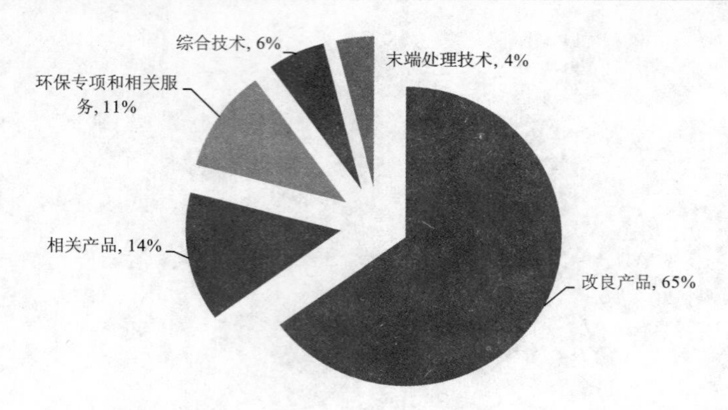

图 6.5　各类产出的出口、企业、占总出口的比例

图 6.5 给出的虚构示例反映出改良品占据了出口产品总量的最大部分。实际上，欧洲最大的混合动力车生产商位于该国。

6.2　经济领域的分析

为了能够说明公共及私有业主在不同环境活动中的重要性，应对企业及一般政府的全部数据进行比较。这种方法是非常重要的，因为环境业务的目标、决策框架及其他本质特点各有不同，这取决于它们是属于公有企业部分还是私人企业部分。

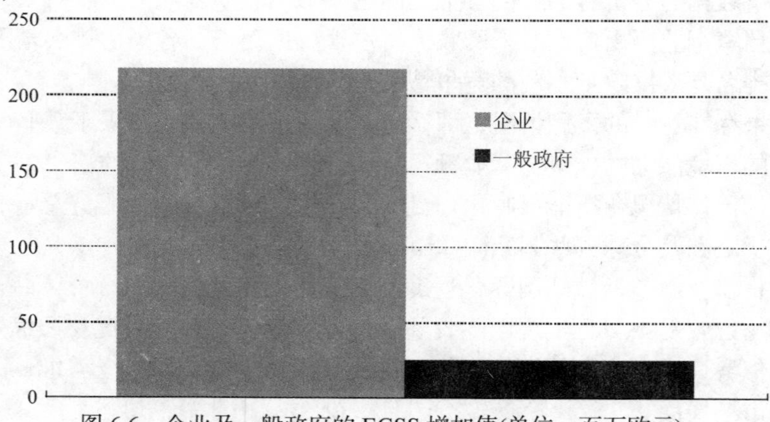

图 6.6　企业及一般政府的 EGSS 增加值(单位：百万欧元)

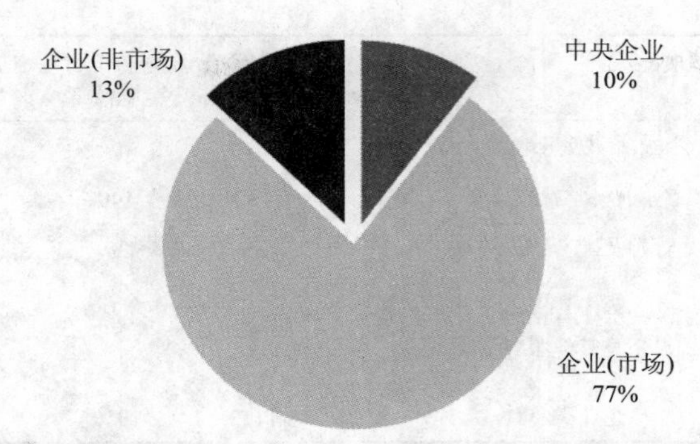

图 6.7　市场与非市场活动(非市场企业与一般政府)的 EGSS 增加值占总 EGSS 的百分比

就假定国家而言，图 6.6 举例说明了两类生产商(企业与一般政府)的环境增加值的分配方法。环境生产商也可被分为市场生产商和非市场生产商，例如图 6.7 给出了非市场型企业与一般政府。

6.2.1　企业

企业是 EGSS 中较大的一部分内容。为说明该部分的 EGSS 数据，应采用不同的详细等级。NACE 子部分及部分均可用于反映不同行业的环境输出的差别。

表 6.1 以某虚拟国家进行数据说明。运用子行业(NACE 组)反映了环境领域的哪些部分组成了最大的就业、营业额、增加值或出口情况等。

表 6.1　NACE 企业分类 2 中的 EGSS 营业额、就业、增加值及出口额

NACE 第.2 版	NACE Rev. 2: 描述	营业额/百万欧元	就业/千名全职员工	增加值/百万欧元	出口/百万欧元
A 01-03	农业、牧业、林业及渔业	45	40	9	3
B 05-09	采矿、采石	75	70	15	0
C 10-33	制造业	467	410	75	157
D 35	电力、燃气、蒸汽及冷气供应	34	30	7	0
E 36-39	污水收集、处理及供水；废弃物管理；粪便及恢复行为	234	255	54	11
F 41-43	建筑业	76	60	15	0
G 45-47	批发与零售	7	9	2	0
I 55-56	住宿及食物供应服务行为	3	4	1	0
H 49-53	交通与仓储	0	0	0	0
J 58-63	信息与交流	0	0	0	0

续表

NACE 第.2 版	NACE Rev. 2：描述	营业额/百万欧元	就业/千名全职员工	增加值/百万欧元	出口/百万欧元
K 64-66; L 68	金融活动及房地产活动	0	0	0	0
M 69-75	专业、科学及技术活动	132	140	32	53
N 77-82	管理及配套服务活动	35	27	6	0
P 85; Q 86-88; R 90-93; S 94-96, U 99	教育、卫生及社会工作活动；艺术、娱乐、娱乐及其他服务活动	5	5	1	0
	企业类总计	1113	1050	217	224

标准表格确保录入的数据是最详细的。这就意味着，以环境生产商数据为例，该数据以更为细分的等级，被作为一个企业的子行业，而不是分解部分。这在图 6.8 与图 6.9 所示的制造业中有所反映。

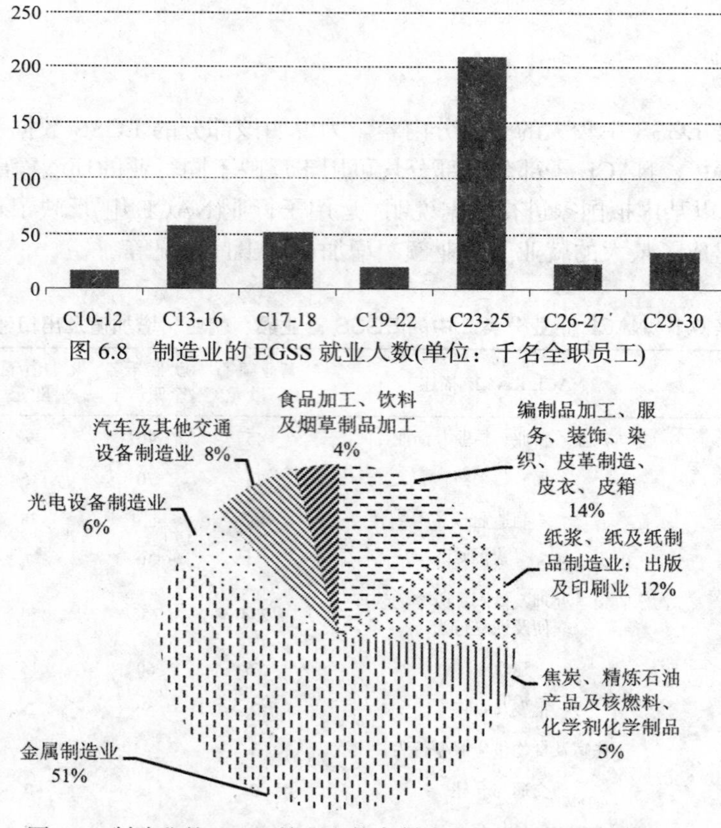

图 6.8　制造业的 EGSS 就业人数(单位：千名全职员工)

图 6.9　制造业的 EGSS 就业人数占制造业总就业人数的百分比

标准表格也为反映 EGSS 中辅助活动部分所占的比率数据提供了机会。这就意味着通过更深层次的分析，可以确定那些将开展一项环境活动作为其主要/将要或辅助活动的 NACE 分组。

6.2.2 一般政府部分

环境保护与资源管理已被集成到所有政策领域，其总体目标是确保经济的可持续发展。政府部分有一个最重要的作用：鼓励企业及私营业主开展环境保护活动，监管环境活动的实施，授予特许经营并提供经费补贴，以降低环境密集型行为的成本；政府资助相关的研究及开发，同时管理国家部分的自然资源。在这种方式下，政府是企业及私营业主开展环境保护与资源管理活动的主要资金提供方。

对政府机构和管理层面(中央、地方及当地)的公共部分的分析将得出一个国家如何组织、管理环境活动的相关信息。

表 6.2 阐明了某虚拟国家的一般政府的不同层面的营业额、就业及增加值的分配情况。

表 6.2 政府各管理层面的 EGSS 营业额、就业及增加值

管理层面	营业额(成本)/百万欧元	就业/千名全职员工	增加值/百万欧元
一般政府	21	32	8
地方政府	43	54	11
当地政府	24	15	6
政府合计	88	101	25

6.3 按照环境领域分析

国家对分析各个独立的环境领域或某些跨两个或更多环境领域的特定环境问题非常感兴趣，例如气候变化或回收利用问题。

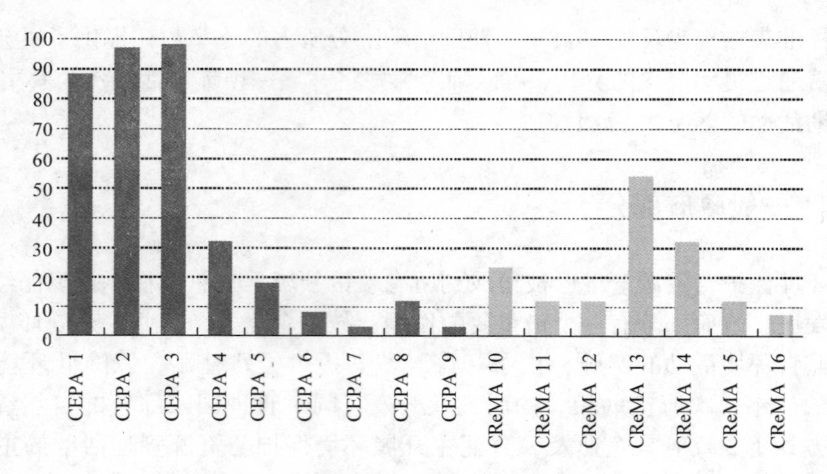

图 6.10　环境领域 EGSS(单位：百万欧元)

如果仅涉及一个独立的环境领域，可较容易地获得标准表格中与该领域相关各列的数值。图 6.10 和图 6.11 给出了相关案例。

环境领域的数据比较可反映该国为不同环境领域(例如废弃物管理)提供的货物、技术及服务的类型和水平。同时也反映与之相关联领域的重要性，即涉及其他非环境货物、技术及服务生产的领域。

图 6.11 举例说明了某虚构国家 CreMA13 (化石能源资源管理)所涉及的环境行为的详细情况。

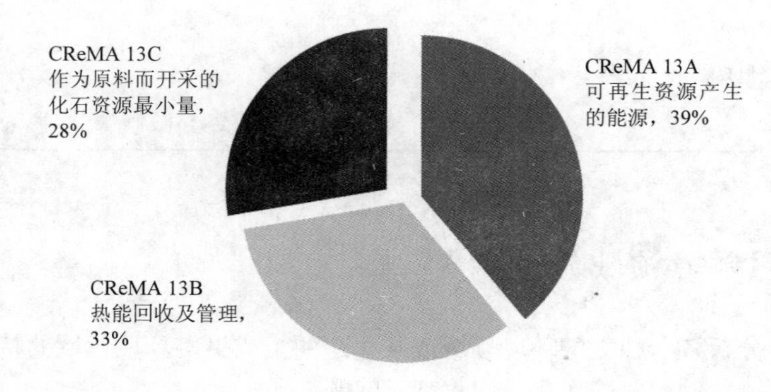

图 6.11　CReMA 13 (化石能源资源管理)的各项占 CReMA 13 总计的百分比

图 6.12　与应对气候变化相关的环境就业情况

如果关注的是一个交叉学科的环境问题，例如气候变化，则应对部分列的合计数字进行分析。就气候变化而言，在大气领域关于气候保护方法的列必须被添加到能源资源管理列中，尤其是再生能源的生产(CreMA 13A)以及与再生能源及气候保护相关的研发活动(图 6.12)。

回收利用活动，例如由废弃物生成的新产品或二级原材料，应被包括在 3 个主要的 CreMA 类别中(图 6.13)：林木资源采伐最小化(CreMA11B)中包括所有由可回收利用的木材及纸张制成的产品；化石资源用作原材料而非能源生产的最小摄取量中(CreMa13C)包括由可回收塑料生产新产品；矿产的管理(CreMA14)中包括由可回收利用金属及矿石生产新产品。

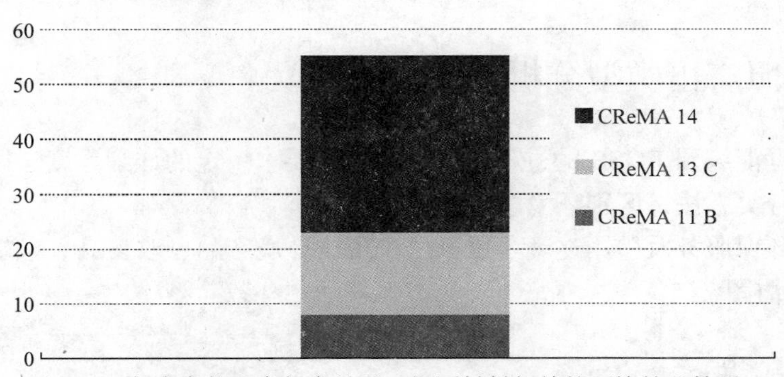

图 6.13　与废弃物生产新产品及二级原材料相关的环境就业情况

6.4　时间数列的分析

就业、营业额、增加值及出口情况的时间数列可反映环境领域增长率指标。

图 6.14 显示了某虚拟国 EGSS 中环境就业形势在 2005~2008 年的变化情况。

在与国家平均发展情况相比较的基础上，时间数列可实现工业领域发展情况与增长率的分析。

法规及其他因素(例如与已收集数据相关的需求)的发展过程分析，给出了关于促使企业成立的动力及因素的相关信息。

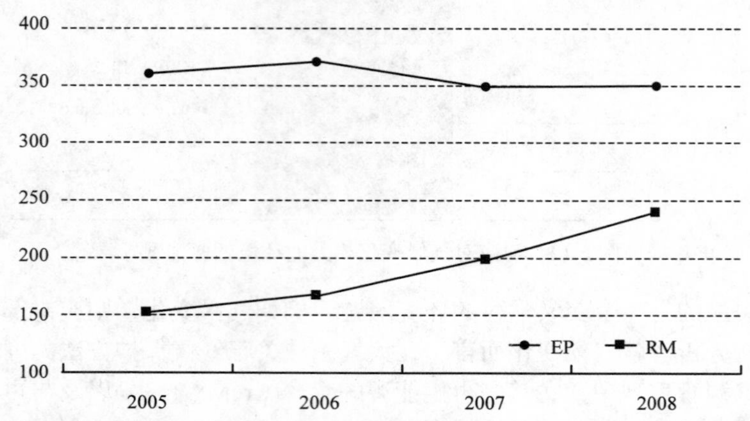

图 6.14　环境保护及资源管理活动的就业环境的发展情况 2005~2008 年(单位：全职员工)

> **注**：EGSS时间数列的说明并不明显。EGSS不是一个同质的部门，新的环境产品、服务及技术将进入市场，其他的将退出市场。这在改良品及综合技术方面成为明显。

6.5　按照产出类型分析

将数据汇编到 EGSS 的过程中，标准表格要求一定的详细程度，以按照本手册设定的分类方法，区别环境产出物：

专项环保服务及单用途环境服务、单用途环境产品、改良品、末端处理技术及综合技术(图6.15)。

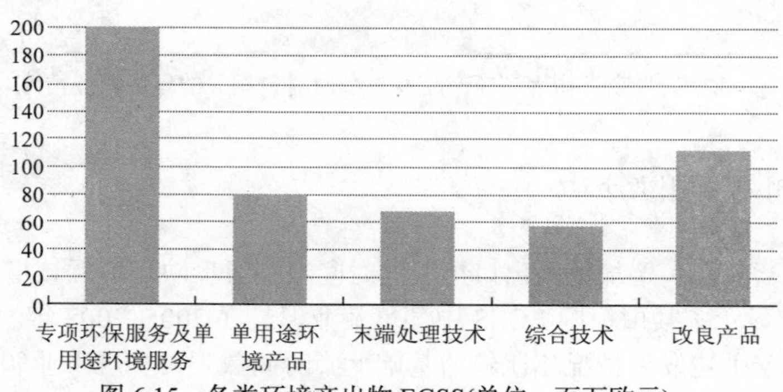

图 6.15　各类环境产出物 EGSS(单位：百万欧元)

因此，EGSS 数据可按照环境产出的类型进行显示。就提升对环境产出的关注度而言，这是非常重要的，尤其是改良品及综合技术，因为它们反映出政策最重要的目标之一，即提倡可持续发展。

改良品

改良品是环境产出物的一个特殊个案。事实上它们的生产并非为了环境目的，因为其使用也不是出于环境目的。尽管如此，它们代表了 EGSS 的一个重要部分，因为它们包括了与常规产品相比具有更低环境影响的这类产品。

在各国检索具有一致性及可比较性的改良品数据是有一定难度的，因此建议各国将改良品的描述与 EGSS 的内容分开。此外，应按照图 6.16，在数据收集阶段，给出该分类中所包括产品的详细分析。

改良品也可作为特殊产品总产量的一部分而进行描述。例如，将再生能源产量作为能源总产量的一部分。

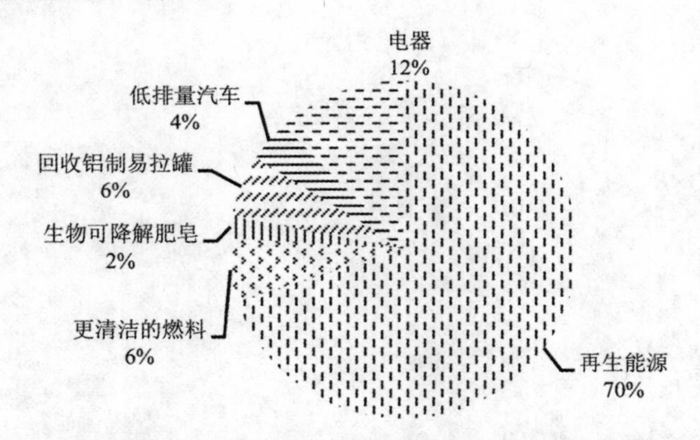

图 6.16　改良品生产的就业人数占改良品总就业人数的百分比

6.6　各国间的比较

应建立指标以对各国的 EGSS 进行比较。

指标应以反映经济情况的货币流通额为基础。例如，经济部分的 EGSS 数据可通过区分在各国之间进行比较。例如，某 NACE 的 EGSS 营业额由该集合的总营业额合计而得。

指标也可以反映环境压力的物理数据为基础。例如，与废弃物管理相关的产出物(CEPA3)可按某经济项的废弃物总产量划分。与防治气候变化相关的 EGSS 产出物可按大气中的物理排放物进行划分。